河南黄河实施《黄河水量调度条例》效果评估

王学通　倪菲菲　孙　妍　著

黄河水利出版社

·郑州·

图书在版编目(CIP)数据

河南黄河实施《黄河水量调度条例》效果评估/王学通,倪菲菲,孙妍著.—郑州:黄河水利出版社,2018.11

ISBN 978-7-5509-2152-8

Ⅰ.①河… Ⅱ.①王…②倪…③孙… Ⅲ.①黄河-水资源管理-条例-研究 Ⅳ.①TV213.4

中国版本图书馆 CIP 数据核字(2018)第 224683 号

出 版 社:黄河水利出版社

地址:河南省郑州市顺河路黄委会综合楼 14 层　邮政编码:450003

发行单位:黄河水利出版社

发行部电话:0371-66026940、66020550、66028024、66022620(传真)

E-mail:hhslcbs@ 126. com

承印单位:河南新华印刷集团有限公司

开本:787 mm×1 092 mm　1/16

印张:11.25

字数:202 千字　印数:1—1 000

版次:2018 年 11 月第 1 版　印次:2018 年 11 月第 1 次印刷

定价:30.00 元

前　言

黄河是我国西北、华北地区最大的供水水源，是黄河流域乃至全国经济社会可持续发展的重要战略保障。黄河的径流量仅位居我国七大江河的第四位，黄河水资源的开发利用量已经处于临界状态，随时有断流的危险。自1972年至1999年的27年中，黄河下游有21年出现断流，累计有1 091天。黄河断流时间最长年份为1997年，山东利津断面断流达226天。断流对黄河下游地区经济社会的发展产生了严重影响，并在国内外产生了强烈反响。

1999年后，在黄河来水严重偏枯的情况下，国家开始对黄河水量实施统一调度，至今已连续19年实现了黄河不断流，取得了良好的经济、社会、生态效益。2006年8月，国务院颁布实施了《黄河水量调度条例》（以下简称《条例》），《条例》的出台，将实践中行之有效的措施法律化、制度化，确保了水法规定的水量调度原则在黄河流域贯彻实施，正确处理了上下游、左右岸、地区间、部门间的关系，有效地缓解了黄河流域的水资源供需矛盾。但由于黄河流域属资源性缺水地区，随着经济社会的发展，需水量不断增加，缺水形势越来越严峻。根据预测：正常来水年份情况下2030年将缺水110亿m^3，2050年将缺水160亿m^3，由此可见，用水需求已超出了黄河水资源的承载能力，黄河流域水资源的供需矛盾将更加突出。这对黄河水量调度的质量和效果提出了更高的要求。因此，如何全面落实《条例》，进一步强化黄河水量统一管理和调度，有效提高调度工作的管理水平，成为今后做好黄河水量调度工作的关键所在。

为进一步做好黄河水量统一调度工作，从较低水平的不断流，转变为功能性不断流，促进黄河水资源的优化配置和实现维持黄河健康生命的目标，2010年，黄河水利委员会（以下简称“黄委”）向水利部申报了中央分成水资源费项目“黄河水量调度十年效果评估与功能性不断流调度指标体系建设项目”，河南黄河河务局承担了其子项目“河南黄河实施《黄河水量调度条例》效果评估”。研究任务为河南黄河流域包括伊洛河、沁河流域在《条例》实施后的效果评估。2011年，我有幸主持并参与本项目的评估研究工作。2017年8月援藏归来后，受组织委派，我到水利部党校培训了3个月。我在水利部党校的毕业论文就是《加强黄河水量调度，保证黄河引水安全的思考》，借鉴了《河南黄河实施〈黄河水量调度条例〉效果评估》的课题成果。书稿脱胎于课题成果，内容包括《条例》实施前后河南黄河水量统一调度情况、《条例》执行情况，《条例》实施所产生的社会、经济、生态等方面的效果和效益，立法质量与守法情况评价，《条例》实施存在问题与对策建议。

本书编写人员有：河南黄河河务局工程建设中心王学通（前言，第1章，第2章，第3章的3.2节，第4章，第8章，附件）；河南黄河勘测设计研究院孙妍（第3章的3.1节、3.3节，第5章的5.1节、5.2节、5.4节，第6章，附件）；倪菲菲（第5章的5.3节，第7章，附件）；全书由王学通统稿。

河南黄河实施《黄河水量调度条例》效果评估主要有以下创新点：

一、首次对《黄河水量调度条例》在河南黄河实施的效果进行科学的评估。采取定量与定性结合的分析方法，对《黄河水量调度条例》的实施效果和立法质量与守法情况进行评估，为修改和完善《黄河水量调度条例》提供依据，更好地发挥《黄河水量调度条例》在黄河水量调度中的法律作用提供支撑。

二、系统总结分析了《黄河水量调度条例》在河南黄河的执行情况。从机构和调度职能落实、配套制度建设、水量调度责任制落实、应急调度、支流调度、水量控制执行、调度计划编制及协调会商等方面系统地总结了《黄河水量调度条例》实施以来取得的经验和成果。

三、全面对《黄河水量调度条例》实施的法律效果、管理效果、社会效果、经济和生态效益进行了合理的评估。对比分析《黄河水量调度条例》实施前后的情况，全面评价《黄河水量调度条例》在水量调度总的原则、管理职责和权限的划分、水量调度分配方案、水量调度方式和实施的原则、水量监测的依据、应急水量调度、实施监督检查等方面的效果和效益。

四、首次对《黄河水量调度条例》的立法质量与守法情况进行了评估。采用问卷调查的方式，分别对水行政主管部门、用水管理机构、社会公众进行调查，从合法性、协调性、合理性、可操作性、完备性、实效性等方面进行了立法质量和守法情况的评估。

五、首次对《黄河水量调度条例》的修改完善提出了有参考价值的建议。分析《黄河水量调度条例》执行中存在的问题与不足，提出支流调度管理、潼关至小浪底干流河段水量调度管理、总量控制原则、应急调度水量、行政首长负责制等方面的修改建议，为进一步修改完善《黄河水量调度条例》有关条款提供参考，为完善和更好地发挥《黄河水量调度条例》的法律作用提供支撑。

本书编写过程中,受到了河南黄河河务局水资源管理与调度处领导及同事们的大力支持,在此表示感谢。

由于笔者水平有限,书中错误和不足之处在所难免,敬请广大读者批评指正。

编　者

2018 年 6 月

目 录

第 1 章　概　述

1.1　背　景

黄河是我国西北、华北地区最大的供水水源,是黄河流域乃至全国经济社会可持续发展的重要战略保障。黄河的径流量仅位居我国七大江河的第四位,黄河水资源的开发利用量已经处于临界状态,随时有断流的危险。1999 年后,在黄河来水严重偏枯的情况下,国家开始对黄河水量实施统一调度,已连续 12 年实现了黄河不断流,取得了良好的经济、社会、生态效益。2006 年 8 月,国务院颁布实施了《黄河水量调度条例》(以下简称《条例》),《条例》的出台,将实践中行之有效的措施法律化、制度化,确保了水法规定的水量调度原则在黄河流域贯彻实施,正确处理了上下游、左右岸、地区间、部门间的关系,有效地缓解了黄河流域水资源供需矛盾。但由于黄河流域属资源性缺水地区,随着经济社会的发展,需水量不断增加,缺水形势越来越严峻,对黄河水量调度的质量和效果提出了更高的要求。因此,如何全面落实《黄河水量调度条例》,进一步强化黄河水量统一管理和调度,有效地提高了调度工作的管理水平,成为今后做好黄河水量调度工作的关键所在。为进一步做好黄河水量统一调度工作,从较低水平的不断流,转变为功能性不断流,促进黄河水资源的优化配置和实现维持黄河健康生命的目标,2010 年,黄河水利委员会(以下简称"黄委")向水利部申报了中央分成水资源费项目"黄河水量调度十年效果评估与功能性不断流调度指标体系建设项目",河南黄河河务局承担了其子项目"河南黄河实施《黄河水量调度条例》效果评估"。

1.2　开展《条例》评估的目的

1.2.1　《条例》实施评估的必要性

黄河是我国西北、华北地区最大的供水水源,是黄河流域乃至全国经济社会可持续发展的重要战略保障。而黄河的径流量只位居我国七大江河的第四位,黄河水资源的开发利用量已经处于临界状态,随时有断流的危险。1999年后,在黄河来水严重偏枯的情况下,国家开始对黄河水量实施统一调度,至今已连续12年实现了黄河不断流,取得了良好的经济、社会、生态效益。《条例》的出台,将实践中行之有效的措施法律化、制度化,确保了水法规定的水量调度原则在黄河流域贯彻实施,正确处理了上下游、左右岸、地区间、部门间的关系,有效地缓解了黄河流域水资源的供需矛盾。但由于黄河流域属资源性缺水地区,随着经济社会的发展,需水量不断增加,缺水形势越来越严峻,对黄河水量调度的质量和效果提出了更高的要求。因此,如何全面落实《黄河水量调度条例》进一步强化黄河水量统一管理和调度,有效提高调度工作的管理水平,成为今后做好黄河水量调度工作的关键所在。

《黄河水量调度条例》在河南黄河应用效果评估工作,包括总结《条例》在河南黄河实施以来的经验,评价《条例》在水量调度总的原则、管理职责和权限的划分、水量分配方案、水量调度方式和实施的原则、水量监测的依据、应急水量调度、实施监督检查的措施等方面的效果及效益;从经验总结和效果评价中,提出河南黄河实施《条例》相应的对策措施和建议,是研究影响落实《条例》实施效果的关键所在,为进一步做好黄河水量统一调度工作,从较低水平的不断流,转变为功能性不断流,促进黄河水资源的优化配置和实现维持黄河健康生命的目标具有极其重要的意义。

1.2.2 《条例》实施评估的目的

评估的目的主要是通过对《条例》的实施情况的评估,全面总结、调查分析和了解《条例》实施后所取得的成效,发现《条例》实施中存在的问题,分析《条例》各项制度的合法性、协调性、可操作性和实效性。通过河南黄河实施《条例》效果的评估,科学客观的反馈信息,以便及时修改和完善《条例》,更好地发挥《条例》在黄河水量调度中的法律作用。

1.2.3 国内其他河流水量调度情况及黄河水量调度相关技术成果

除黄河外,国内一些其他重要河流也进行了水量统一调度,如珠江自2004年开始对水量实行统一调度,长江自2009年起也开始实施水量统一调度,在水量调度方面都有一定的研究。但黄河是国内大江大河中最早实行水量统一调度的河流,水量调度的实践以及相关研究都较为领先。

1.2.3.1 黄河水量统一调度实施效果初步分析报告

1999 年 3 月 1 日,黄河开始实施统一水量调度。2004 年 12 月,黄委水调局组织水文局、水资源保护局、黄河设计公司、中国水利科学研究院、清华大学等单位,依据《黄河可供水量年度分配及干流水量调度方案》和《黄河水量调度管理办法》以及 1999~2004 年以来的调度情况、水文测验成果和水质监测成果等,采用类比分析等方法,对实施统一调度以来,黄河水资源配置取得的社会、环境和经济效果进行了初步分析,分析研究水量调度存在的问题,指出黄河水量调度职责和权限方面缺乏明确的法律支撑和处罚措施,对有关水资源管理单位约束作用不强,执行效果欠缺,因此提出尽快制定《黄河水资源统一管理与调度条例》的建议。这对《黄河水量调度条例》的颁布实施提供了一定的技术支撑。

1.2.3.2 流域水量调控模型及在黄河水量调度中的应用研究

黄河流域水量调控模型和管理系统由清华大学水利水电工程系负责开发,自 2002 年 10 月在黄河流域实施,这套系统建立了黄河全流域水量统一调度模型系统,并在实际调度中得到应用,掌控黄河干流 5 大骨干水库、60 多个调度控制节点于一盘,实现了先进的水量调度技术与现代自动控制技术的完美结合,是国内首次开发出的大江大河全流域统一调度模型和管理系统。该项目成果于 2007 年 2 月获得 2006 年度国家科技进步二等奖。

第2章 研究概况

2.1 评估原则

2.1.1 客观公正原则

全面调查了解《条例》的实施情况,广泛听取意见,结合现有的制度体系,考查《条例》的实施状况,对《条例》实施后的绩效、问题进行客观公正、科学合理的分析评价。

2.1.2 科学求实原则

既要科学地、实事求是地评价《条例》实施后的效果,又要科学分析发现《条例》实施过程中的问题,并研究提出具体的修改意见和提高黄河水量调度管理水平的建议。

2.1.3 合理定性原则

按照系统分析法的思想和理论,采用宏观与微观相结合、定性与定量分析相结合的分析方法。既合理评价水量调度对全河的宏观效果,又合理分析河南省重点地区的供水效果。对主要指标既要定性分析,又要量化分析;对难以定量分析的指标,建立评估标准,进行定性分析。

2.1.4 公众参与原则

公众参与是指社会群众、社会组织、单位或个人作为主体,在其权利义务范围内有目的的社会行动。公众参与形式有论证会、听证会以及调查问卷、现场走访、座谈会等。针对不同的情形,公众参与的形式也有所不同。

2.1.5 主动时效原则

任何政策都是针对一定时空条件下的特定问题制定的。时空条件变化,政策会失去效力、时效性有两方面的含义:一是政策具有时间性,过期作废;二是政策具有效率性,制定和执行都要讲究效率。对可以预见的事情要未雨绸缪,预先策划,做好准备,以便事情发生时能掌握主动,从容应对。

2.2 评估方法

2.2.1 专题调查与实地调研相结合

开展《条例》实施的总体效果,评价专题调查和实地调研。了解和评价《条例》实施的必要性和科学性,与当前经济社会发展的适用性;详细了解和分析《条例》实施对水资源管理与调度工作、黄河水资源优化配置和可持续利用所发挥的作用;重点了解和分析《条例》实施对黄河不断流、实施最严格水资源管理所发挥的巨大作用;全面了解和分析《条例》实施对社会稳定、国民经济发展等方面所产生的作用。

2.2.2 专题座谈与走访座谈相结合

采用座谈会调查法,既了解河南河务局机关和各地(市)河务管理单位宣传贯彻、执行《条例》的情况,又深入灌区走访管理单位和用水户,有针对性地召开座谈会,了解分析《条例》实施效益和执行中存在的问题。

2.2.3 点面、专群、上下相结合

2.2.3.1 点面结合

既选择《条例》执行过程中有典型性的市局进行实地调研,进行典型个案分析,又对河南黄河地区整体情况进行调查。既掌握全局性,又了解特殊性,广泛收集以往的、有关水量统一调度的资料、图片、照片等第一手调研资料,深入开展外业调查研究,为评估工作奠定扎实的比较分析基础。

2.2.3.2 专群结合

既组织专家对《条例》的执行情况进行调研,又通过互联网、现场发放调

查问卷等方式，征求公众意见。

2.2.3.3 上下结合

采用座谈会调查法，既了解河南河务局机关和部门执行《条例》的情况，又深入基层掌握《条例》执行中存在的问题。

2.2.4 定量与定性相结合

定性分析，是一种在占有一定资料的基础上，根据人们的经验、直觉、学识、洞察力和逻辑推理能力进行的分析。随着应用数学和计算机的发展，项目评估更多地依赖于定量分析。但是评估项目总会有一些因素不能量化，不能直接进行定量分析，只能平行罗列，分别进行对比和作定性描述。因此，在评估时，应遵循定量分析与定性分析相结合的原则，拟在法律效果、管理效果和社会效果上多采用定性分析，拟在经济效果和生态效果分析上采用定量分析。

2.2.5 问卷调查与分析相结合

调查对象为河南黄河水行政主管部门、沿黄用水管理机构及沿黄社会公众等利益相关方。

河南黄河水行政主管部门(各市县河务局)，共下发调查问卷2 000份；用水管理机构(灌区管理单位)，共下发调查问卷1 000份；社会公众，共下发调查问卷500份。其中，针对水行政主管部门的调查问卷，侧重调查《条例》的实施效果，执行是否到位以及影响《条例》的贯彻实施的主要问题等；针对用水管理机构的调查问卷，侧重调查对《条例》执行后的水量调度实施情况、《条例》的协调性、合理性等；针对社会公众的调查问卷，侧重调查对《条例》的了解、认同程度以及对《条例》实施效果、合理性等方面的评价。

2.3 技术路线

本项目研究技术路线为：收集水量调度相关资料，对《黄河水量调度条例》实施前后河南黄河水量统一调度情况进行全面回顾和系统分析，客观地评估《黄河水量调度条例》执行情况，并对《黄河水量调度条例》实施所产生的社会、经济、生态环境及黄河流域调度管理等方面的效果和效益进行全面的评价，对立法质量与守法情况进行客观合理的评价，提出《条例》实施存在的问题及相应对策建议。

2.4 实施步骤

(1)成立项目组,编写项目工作大纲。聘请专家对工作大纲进行咨询,根据专家意见对工作大纲进行修改完善,按照工作大纲要求开展工作。

(2)全面收集基本资料。收集1999~2010年以来河南黄河有关水量调度分析的相关资料和历年的工作总结;支流(沁河、伊洛河)调度总结及分析资料;黄委、河南局关于水量调度的文件、公告、配套法律法规;水量控制断面的水文资料和引水资料;河南沿黄灌区农作物种植结构及用水调度方案、计划、执行;河南沿黄城市生态用水情况;水量调度的研究成果;河南沿黄重点灌区及重要供水城市社会经济统计资料和水利统计等资料。

(3)对评估的重点认真研究分析。针对《条例》立法背景、评估时段划分、评估侧重与《条例》的基本内涵,重点分析河南黄河1999年以来水量调度的情况与《条例》对比分析。

(4)开展效果问卷调查。对《条例》实施后的水量调度效果问卷调查,并对问卷进行归类整理分析。

(5)科学合理定位。分析收集的基本资料和获取信息,对落实执行《条例》效果进行科学合理的评估,保证实施效果的评估质量。

(6)评价《条例》实施的法律效果、管理效果、社会效果、经济和生态效益。

(7)评价《条例》实施的合法性、协调性、合理性、可操作性、完备性、实效性。

(8)根据《条例》实施效果评估,提出结论性意见,提出实施过程中存在的问题、改进措施和建议。

(9)完成报告初稿,聘请专家进行咨询,根据专家意见对报告进行修改完善,提交最终报告。

2.5 主要评估内容与实施情况

2.5.1 评估范围内容

2.5.1.1 评估范围

本次评估范围为河南黄河干流及沁河、伊洛河,不包括三门峡水利枢纽、小浪底水利枢纽、西霞院水库、故县水库、陆浑水库。

2.5.1.2 评估对象

评估的对象为《黄河水量调度条例》。

2.5.1.3 评估内容

河南黄河执行《条例》情况，包括《条例》宣传贯彻情况、水量调度原则、目标执行情况、水量调度制度执行情况、监督检查执行情况。《条例》实施后取得的法律效果、管理效果、社会效益、经济和生态效益、《条例》实施中存在的问题及建议。

2.5.2 问卷调查分析

2.5.2.1 问卷的发放及回收说明

《条例》评估于2011年9月正式下发调查问卷，共3 500份，截至2011年10月1日之前，共收回调查问卷3 427份，共6个市的相关单位提交了调查问卷。所收回问卷中24份为无效问卷，其余皆为有效问卷。问卷发放情况见表2-1。

表2-1 《黄河水量调度条例》立法后评估调查问卷发放统计表 （单位：份）

类别单位	水行政主管部门	用水管理机构	社会公众	回收
豫西河务局	100	50	40	185
郑州河务局	400	200	100	687
开封河务局	400	200	100	686
焦作河务局	300	80	60	430
新乡河务局	400	200	100	685
濮阳河务局	400	270	100	754
总计	2 000	1 000	500	3 427

2.5.2.2 问卷调查反映的主要情况

调查问卷显示，《条例》在宣传贯彻、制度设计、实施效果等方面得到了调查对象的广泛认可，其本身的价值性、规范性、科学性、合理性、协调性也在实际操作中得到了充分的体现。从总体上来说，《条例》的实施效果良好，内容具体、明确，制度完备，在一定程度上能切实解决问题，有较高的社会公众认知度，成效是明显的。

在调查选项的设计中，对《条例》在水调管理、组织建设和强化水量调度指令强制力度等方面产生的作用，以及《条例》实施过程中存在的问题进行了主要作用和问题的设计，统计结果显示，被调查者普遍认为，《条例》在水调管理等方面产生了重要作用，但在《条例》实施过程中仍存在用水监管不全面等问题。

总体结果显示，在《条例》宣传力度、应急调度实施条件的了解程度、控制断面了解程度、其他法律法规的了解程度、水行政主管部门有权采取的措施了解程度等方面存在认识度不够的问题，尚需加大《条例》及水量调度知识的宣传力度，加大各方在水量调度管理各方面的参与程度，进一步加大信息披露。

下面就按三类调查对象情况分类进行概述。

1.水行政主管部门

1)《条例》总体评估情况

在接受调查的机构中，了解《条例》基本内容的占59%；认为《条例》有存在必要性的达96%；认为《条例》宣传力度大的占46%；认为《条例》在加强黄河水量调度管理，保障黄河不断流，促进黄河流域地区经济社会发展方面发挥作用显著的达57%；了解应急调度实施条件的占37%；清楚单位水量调度的控制断面的占65%。

2)《条例》贯彻实施情况评估

在接受调查的机构中，认为《条例》和《实施细则》执行总体情况较好的占57%；认为备案制度设计合理、切实可行的占66%；认为《条例》的贯彻执行中受到行政干预因素制约很严重的占12%；认为下达的月、旬水量调度方案执行效果好的占39%；认为在日常管理中掌握控制断面径流的动态变化的占78%。

3)立法与守法质量评估

认为《条例》的内容与《行政许可法》《水法》等法律法规的规定协调一致的占57%；认为《条例》在年度水量分配方案和调度计划制订以及水量调度执行情况的监督等方面符合公开、公平、公正的原则占57%；认为《条例》在水文测验数据方面符合公开、公平、公正的原则占64%；除了《条例》和《黄河水量调度条例实施细则》，知道其他有关水量调度的政策、法规的占44%；其他法律法规主要为《水法》和《黄河水量调度管理办法》，少量为《黄河下游订单供水管理办法》。从立法技术角度对《条例》和《实施细则》进行评价的调查结果显示，《条例》和《实施细则》基本符合规范性和科学性。

2.用水管理机构

1)《条例》总体评估情况

在接受调查的机构中,了解《条例》基本内容的占76%;认为《条例》有存在必要性的达95%;认为《条例》宣传力度大的占61%;认为《条例》在加强黄河水量调度管理,对保护母亲河的作用显著的达73%;了解《条例》中向黄委申报黄河干、支流的年度和月、旬用水计划建议的具体要求的占51%;知道在正常水量调度时,本单位执行的调度指令发布方水行政部门具体名称的占91%;认为《条例》的实施对本单位的取用水的影响是有利的占78%。

2)《条例》贯彻实施情况评估

在接受调查的机构中,对小浪底执行水量调度指令的情况表示满意的占66%;实施应急调度时,认为所在单位完全按照调度实施方案实行的占90%;认为《条例》执行总体情况较好的占77%;依照《条例》要求,黄河水量调度由非汛期扩展至全年,干流调度河段上延至龙羊峡水库,并对部分实施支流水量调度,认为这一空间、时间范围上的扩展合适的占74%;了解对违反《条例》的单位或个人的惩罚措施的占54%;除了《条例》和《黄河水量调度条例实施细则》,知道其他有关水量调度的政策、法规的占52%;其他法律法规主要为《水法》。

3)立法与守法质量评估

认为《条例》的内容与《行政许可法》《水法》等法律法规的规定协调一致的占62%;认为《条例》确立的水量分配、调度(包括应急调度)制度完备并符合黄河水资源管理实际的占64%。从立法技术角度对《条例》进行评价的调查结果显示,《条例》基本符合规范性和科学性。

3.社会公众

在接受调查的个人中,认为所在地区非常缺水的占18%;了解《条例》的基本内容的占27%;认为《条例》有存在必要性的占82%;认为《条例》宣传力度大的占37%;调查结果显示,个人了解水量调度制度的渠道主要集中在广播电视、报纸杂志、网络等新闻媒体报道和黄委组织的普法宣传活动,分别占39%和37%;认为《条例》在加强黄河水量调度管理,对于保护母亲河的作用显著的占50%;认为《条例》对其所在区域的社会、经济发展作用显著的占36%;认为《条例》中水量调度方案的执行到位的占32%;《条例》确立的水量分配、调度(包括应急调度)制度完备并符合黄河水资源管理实际的占40%;认为《条例》的内容与《行政许可法》《水法》等法律法规的规定协调一致的占55%;认为《条例》的实施对促进节约用水作用大的占64%;认为《条例》的实施从总体上达到了促进水资源优化配置和可持续利用的目的的占36%。从立法技术角度对《条例》进行评价的调查结果显示,《条例》基本符合规范性和科学性。

具体的问卷调查结果见第7章。

第3章 《条例》综述

3.1 《条例》立法背景

黄河是我国西北、华北地区最大的供水水源,以其占全国河川径流2%的有限水资源,承担着流域内及相关供水区约1.4亿人口(占全国12%)、2.4亿亩耕地(占全国15%)、50多座大中城市、晋陕宁蒙接壤的能源基地以及中原油田、胜利油田的供水任务,同时还有向天津市、河北省、青岛市远距离调水的任务,是黄河流域乃至全国经济社会可持续发展的重要战略保障。但黄河流域大部分地区属于干旱与半干旱地区,水资源贫乏。尤其是随着社会和国民经济的发展,对黄河水资源的需求不断增加,水资源供需矛盾越来越突出,缺水已成为沿黄地区社会和经济可持续发展的主要制约因素。因此,如何合理开发、优化配置、高效利用、有效保护黄河水资源,以黄河水资源的可持续利用支持流域及相关地区经济社会的可持续发展,成为20世纪黄河水资源管理与调度面临的重大课题。

1998年2月,国务院批准颁布实施《黄河水量调度管理办法》(以下简称《办法》),1999年3月,黄委实施授权对黄河流域水量实行统一调度。到2005年,实施统一调度对流域各方面用水调度和管理收到明显的效果,初步遏制了自1972年至1999年间的黄河下游21年出现断流的现象,实现了黄河6年不断流,取得了良好的社会效益、经济效益、生态效益。但《办法》在适应新形势下的水量调度原则、完整的水量调度管理体系、水量统一分配制度、水量调度计划制订的程序和原则、协调协商机制、水量调度责任制和完备应急调度体系等还存在不足和缺陷。同时,随着2002年《水法》的颁布和实施五年统一调度的实践,黄河流域社会经济发展和水资源供需矛盾更加突出,管理仅靠《办法》的规定,难以解决流域机构、有关地方政府、水工程管理单位之间及地方政府之间不尽协调等问题,在一定程度上影响了黄河水量的有效调度,制约了水资源的有效管理。通过黄河五年不断流的回顾和总结,流域管理机构、流域直属管理单位、水工程管理单位和用水管理单位都认为有必要对《办法》

进行修改，并迫切需求从法律层面上规范黄河水量调度，把《水法》关于水量调度的基本制度落实到黄河流域水量调度管理的实处，建立起黄河水量调度的长效机制，缓解黄河水资源供需矛盾和水量调度中存在的问题，为黄河流域社会经济长远的发展提供有力的法律保障，使黄河水量有效的统一调度管理措施法制化。

为缓解黄河流域水资源供需矛盾和水量调度中存在的突出问题，促进有限的黄河水资源的优化配置，提高利用效率；正确处理上下游、左右岸、地区之间、部门之间的关系，统筹协调流域及相关地区经济社会发展与生态环境保护；减轻和消除黄河断流造成的严重后果，为沿黄地区经济社会的可持续发展提供支撑和保障；同时也为了将近年来黄河水量调度实践中积累的行之有效的制度措施制度化、规范化、法律化，并把《水法》关于水量调度的基本制度落实在黄河流域实处，从而建立起黄河水量分配与调度的长效机制，迫切需要尽快制定《黄河水量调度条例》。

3.1.1 初始水量调度管理(1999 年以前)

1999 年以前，河南黄河的水资源由河南黄河河务局进行粗放管理，水量调度管理由灌区管理单位和用水户提出用水需求，涵闸管理单位提闸放水，无严格的用水计划管理、申报和下达程序、准确计量和监督管理制度。在用水管理过程中，灌区管理单位无序用水，盲目提出用水需求，强行放水事件时有发生，黄河管理单位开闸放水满足引黄用水需求是应有的职责，使用黄河水资源的观念和理念极其落后，对防止黄河断流造成严重影响。

3.1.2 水量统一调度管理(1999~2006 年)

1999 年开始，黄委依据《黄河水量调度管理办法》授权，按调度原则、调度权限、用水申报、用水审批、用水监督以及特殊情况下水量调度等的规定，开始对黄河干流实施水量统一调度，使黄河水量统一调度工作有章可循。同时，中央领导和水利部对此都十分重视，多次给予指示和部署。黄委面对新时期水资源统一管理的机遇和责任，开创了黄河水量统一调度新的历程。

在黄河实施水量统一调度之初，《黄河水量调度管理办法》起到了至关重要的作用，为制定《条例》奠定了基础。在此阶段，黄委按“国家统一分配水量，流量断面控制，省(区)负责用水配水，重要取水口和骨干水库统一调度”。

即依据国务院批准的黄河可供水量分配方案，结合当年非汛期实际来水、水库蓄水、预测的非汛期来水以及有关省(区)报送的耗水量等情况,每年10月,由黄委代表国家提出本年度水量调度计划,经水利部审批发布执行。执行过程中再根据实际来水、用水情况,进行月旬调整,特殊情况下按日进行调度。对省(区)用水按照水量分配方案,明确月入、出省界断面流量控制指标,实施断面流量动态监控。各省(区)在保证入、出境断面达到控制流量指标的前提下,负责对辖区内各用水户进行实时水量分配与调度。为保证水量配置按方案执行,黄委还要通过对骨干水库和重要取水口实施直接的统一调度和监测,协调省(区)用水矛盾并合理安排生态环境用水。

河南黄河河务局在黄委统一调度和管理下,开展了如下工作:

第一,建立了有关规章制度。在2001年初步建立规章制度的基础上,2002年进一步加强和完善了规章制度的建立,探索规范管理运行机制经验,相继制定下发了《河南黄河水量调度管理办法》《河南黄河水量调度工作责任制》与《河南黄河引水计量稽查管理办法》。并及时转发了黄委《黄河下游订单供水调度管理办法》和《水量调度工作责任制》。下属各河务局针对本单位的实际情况也都制定了相应的规章制度,濮阳黄河河务局制定了《引黄用水申报制度》,新乡局制定了《引黄供水及收费管理办法》及《水量调度工作纪律》,焦作局制定了《水量调度期间值班制度》及《用水指标再分配原则》,开封局制定了《开封市黄河水量调度管理办法》等,这些制度的建立和贯彻落实,进一步规范了河南黄河的水量调度原则和程序,形成了上下一体、有力的调水运行机制。

第二,筹建了水资源管理与调度机构。2002年,根据豫黄人劳〔2002〕29号《关于印发河南黄河河务局机关各部门职能配置、机构设置和人员编制方案的通知》,河南黄河河务局设立水资源管理与调度处,成立了水量调度专门管理机构——水资源管理与调度处(以下简称水调处),各市(县)河务局相应也成立了水资源与水政科,对河南黄河境内的水资源实行统一管理和调度,充实了管理人员,明确了职责,理顺了内部工作关系,为做好黄河水量统一调度奠定了基础。

第三,实施了科学调度。做好水量统一调度工作,要制订好分水预案,执行正确的技术路线,加强实时调度。制订方案是做好水量调度工作的基础,年度预案编制得好坏,对于全年的水量调度工作影响很大。1999~2006年间,河南黄河河务局克服了预案编制涉及因素多、非汛期预报系统没有建立起来、水文气象信息来源量少且不及时等种种不利因素,采取了多种措施,精心编制年度分水预案,对指导全年的水量调度工作起到了重要作用。然而,由于受科技水平和手段限制，目前长期水文预报还不能完全满足水量调度工作的要求，所以，年度预案的制订要想完全符合实际也是非常难的。针对这种情况，河南黄河河务局重点强化了水量的实时调度，提出了“要像对待防汛那样对待调度，要像防止决口那样防止黄河断流”。按时制订月、旬调度方案，不断地对水库泄流情况、河段引水、各地降雨、灌区旱情进行跟踪分析，及时做出相应的修正调整。1999~2006 年河南黄河河务局水量调度共发布年计划、月、旬方案 200 份。1999~2006 年河南省发布引水计划共 133.02 亿 m^3，实际引黄水量共 143.96亿 m^3。见表 3-1。

表 3-1 1999~2006 年河南黄河实际引水统计表 （单位：万 m^3）

月份	旬	1999 年	2000 年	2001 年	2002 年	2003 年	2004 年	2005 年	2006 年	合计
1 月	上	4 244	715	257	822	689	593	597	1 512	9 429
	中	3 624	715	257	908	1 176	588	604	1 120	8 992
	下	5 085	728	257	2 997	1 237	486	732	716	12 238
	月计	12 953	2 158	771	4 727	3 102	1 667	1 933	3 348	30 659
2 月	上	10 710	1 078	500	2 428	1 641	2 175	746	1 287	20 565
	中	8 105	2 610	499	3 759	2 690	3 327	1 004	3617	25 611
	下	9 287	4 445	625	5 440	2 470	1 983	1 987	5 641	31 878
	月计	28 102	8 133	1 624	11 627	6 801	7 485	3 737	10 545	78 054
3 月	上	10 601	13 594	3 349	12 746	10 478	2 616	6 783	8 875	69 042
	中	6 964	13 950	8 047	11 991	11 509	7 871	9 865	8 625	78 822
	下	3 248	10 282	13 725	7 324	9 392	9 494	11 474	7 987	72 926
	月计	20 813	37 826	25 121	32 061	31 379	19 981	28 122	25 487	220 790
4 月	上	1 530	6 992	12 471	6 347	8 835	8 159	8 237	7 026	59 597
	中	3 848	6 559	8 481	9 104	8 990	10 017	6 633	7 441	61 073
	下	4 299	9 816	7 253	9 078	3 631	6 704	10 194	9 466	60 441
	月计	9 677	23 367	28 205	24 529	21 456	24 880	25 064	23 933	181 111

续表 3-1

月份	旬	1999 年	2000 年	2001 年	2002 年	2003 年	2004 年	2005 年	2006 年	合计
5 月	上	9 348	16 675	11 662	7 507	7 081	7 136	17 363	9 593	86 365
	中	9 889	3 642	13 434	5 308	7 566	2 769	13 250	7 749	63 607
	下	7 971	6 627	14 264	4 660	10 680	5 443	6 495	7 413	63 553
	月计	27 208	26 944	39 360	17 475	25 327	15 348	37 108	24 755	213 525
6 月	上	6 615	7 337	10 802	7 902	8 172	5 290	7 498	5 808	59 424
	中	13 110	10 044	13 879	16 890	13 715	12 369	12 370	21 682	114 059
	下	14 963	10 577	12 944	17 595	15 368	11 619	17 803	15 742	116 611
	月计	34 688	27 958	37 625	42 387	37 255	29 278	37 671	43 232	290 094
7 月	上	6 831	6 017	6 969	4 933	8 453	5 010	4 376	2 343	44 932
	中	6 177	1 374	6 694	4 971	2 942	1 822	4 517	5 237	33 734
	下	7 302	3 843	893	15 216	2 776	1 359	1 142	7 286	39 817
	月计	20 310	11 234	14 556	25 120	14 171	8 191	10 035	14 866	118 483
8 月	上	8 532	4 411	1 675	11 882	4 534	2 211	1 085	1 660	35 990
	中	7 319	5 324	1 567	10 597	5 678	1 376	2 827	4 777	39 465
	下	10 414	12 556	1 294	4 726	3 316	2 516	5 995	6 695	47 512
	月计	26 265	22 291	4 536	27 205	13 528	6 103	9 907	13 132	122 967
9 月	上	6 696	4 819	2 412	10 751	749	3 930	3 007	2 463	34 827
	中	2 243	3 517	4 353	7 513	773	3 164	4 028	3 862	29 453
	下	1 735	2 411	5 244	4 534	1 110	1 676	1 092	2 991	20 793
	月计	10 674	10 747	12 009	22 798	2 632	8 770	8 127	9 316	85 073

续表 3-1

月份	旬	1999年	2000年	2001年	2002年	2003年	2004年	2005年	2006年	合计
10月	上	710	1 349	5 933	7 008	458	1 148	557	1 364	18 527
	中	689	737	7 937	11 712	400	675	1 024	3 614	26 788
	下	713	2 424	3 763	3 316	438	600	790	2 242	14 286
	月计	2 112	4 510	17 633	22 036	1 296	2 423	2 371	7 220	59 601
11月	上	602	585	1 678	1 290	298	553	808	1 202	7 016
	中	655	583	848	1 694	324	542	746	1 066	6 458
	下	651	584	395	1 516	372	697	881	1 198	6 294
	月计	1 908	1 752	2 921	4 500	994	1 792	2 435	3 466	19 768
12月	上	714	518	432	853	400	792	876	1 496	6 081
	中	700	518	432	643	302	642	701	2 116	6 054
	下	727	518	432	673	520	716	1 409	2 317	7 312
	月计	2 141	1 554	1 296	2 169	1 222	2 150	2 986	5 929	19 447
合计		196 851	178 474	185 657	236 634	159 163	128 068	169 496	185 229	1 439 572

第四,规范引水计量。按照总量控制和定额管理相结合的原则,水调部门和供水管理部门认真加强引水计量的管理工作,共配置了27台便携式测流仪,新建测流桥10座。一是严格按照《河南黄河引水计量管理办法》中规定的测流方法、测次、施测时间等进行引水计量;二是继续推进“两分”工作,按照《河南黄河引黄工程“两水分离、两费分计”管理办法》中的规定,非农业取水口实现了自动计量;三是对引水量较大的农业取水口逐步实现自动计量。通过该项工作的开展,进一步提高了河南黄河水量调度的科技管理水平。

第五,加强水调督查,严格执行水调指令。为了严格管理,确保水调指令的落实,河南黄河河务局对所有引黄取水口门进行全方位监控,组成省、市、县三级督查组,采取白天检查与夜晚抽查、日常检查与突击检查相结合的督查方式,实行现场督查填写河南黄河水调督查日志的双方签名制度和处理结果反馈制度。通过加强水调督查,有效地遏制无序用水,特别是对滩区的引黄取水口门实施了订单管理,将年引用水量较大的老田庵、禅房、王庄闸纳入水量统一调度管理范畴,严格执行调度指令,没有调度指令不得擅自开启放水,改变了过去黄河滩区涵闸无序引水的状态。

第六,结束了黄河断流现象。自实施黄河水量统一调度以来,通过有效的断面预警流量控制和入黄断面最小流量的管理措施,遏制了黄河向断流恶化趋势发展,结束了20世纪90年代黄河频繁断流的局面,实现了1999年8月12日以来黄河在来水持续偏枯的情况下连续七年不断流,还维持了一定的河道基流,有利于维持黄河健康生命。

3.1.3 水量调度管理实施中存在的问题及《条例》制定的必要性

3.1.3.1 水量调度管理存在的问题

(1)黄河统一调度法制尚不健全,管理缺乏强有力的法律保障。2006年前,主要还是依靠行政手段来解决水调工作中的一些问题,行政监督管理和违规处罚缺乏法律支撑。这种状态,对地方上自建自管的引水口门管理难度较大,没有强制性的管理措施,管理手段软弱无力。

(2)水量调度管理体制不顺,缺乏坚实的组织保证。流域管理与区域管理相结合的管理体制还处于探索阶段,在水资源管理与调度过程中的管理体制尚未理顺。对外与河南省水利厅对境内水资源管理权属等问题难以达成共识,与地方用水管理单位协调沟通渠道不畅。对内各局属单位均未设置独立的水资源管理与调度科,将水政水资源科与防汛办公室合二为一,人员也未增加。县级河务局作为流域管理最基层的水行政管理单位,担负着大量水事案件的调查、取证、处理,水资源的统一管理与调度,取水许可受理和监督管理等具体事务。由于人员的减少,在岗位设置中,一般一个岗位上只有一人,很难满足行政执法不少于两个人的最低要求,直接影响了水调工作的质量和河南黄河水量统一调度效能的发挥。

(3)水量调度管理技术手段落后,统一调度监督的方式缺乏现代化手段和措施。省、市、县黄河河务局作为当地黄河的取水许可监督管理部门,有权对取水口的取水情况、取水量进行检查、监督。由于各级河务局都没有便携式计量设施,无法有效地对闸门放水量进行实际检测,引黄工程引水计量设施落后。

(4)对水量调度的重视性和用水、管水观念不适应。自1999年实施水量调度以来,各地河务局已把黄河水量调度作为一项政治任务来抓,重视程度不言而喻。但由于地方政府对黄河水量调度重要性的认识问题以及沿黄群众的传统思想观念和认识问题,“黄河水从天上来,开闸放水理所当然”,导致了群众围堵引黄涵闸,擅自提闸放水的现象,直接或间接地影响了黄河水量调度的管理。

(5)缺乏水量调度管理经费。黄委实施黄河水量统一调度,黄河下游水量调度管理和防断流任务繁重,包括水量调度方案编制、监督管理、水文气象预报、墒情信息采(取)水等,工作量和难度均大,任务加重,但日常管理没有专项业务经费,水量调度监控手段落后,与高标准、严要求的水调工作极其不相适应,不能有效地监督各引水口门执行水调指令的情况。

3.1.3.2 《条例》制定的必要性

(1)制定《条例》是缓解黄河流域水资源供需矛盾的需要。黄河是我国西北、华北地区最大的供水水源,对黄河流域经济社会的可持续发展起着十分重要的作用。为实现沿黄地区经济社会的可持续发展,只有通过法律手段,统筹协调黄河上、中、下游用水和生产、生活、环境用水,才能缓解黄河流域水资源的供需矛盾。

(2)制定《条例》是贯彻国家法律和相关制度的需要。由于黄河水资源管理长期缺乏严格的水量调度法律规范,非常需要在《水法》的基本框架下,建立一套符合黄河自身特点的管理制度和措施,通过《条例》的制定和实施,将可采取法律措施,把《水法》规定的基本制度落到黄河流域水资源管理的实处。

(3)制定《条例》是防止黄河断流的需要。黄河是我国第二大河,但其径流量只位居我国七大江河的第五位,黄河水资源供需矛盾十分突出,黄河水资源的开发利用已经处于临界状态,随时有断流的危险。自 1972 年至 1999 年的 27 年中,黄河下游有 21 年出现断流,累计 1 091 天。黄河断流不仅直接影响沿黄地区的城乡居民生活和工农业生产,而且关系着沿黄地区生态安全和社会影响。

(4)制定《条例》是建立黄河水量调度长效机制的需要。1999 年至 2005 年,在黄河来水严重偏枯的情况下,通过对黄河水量实施统一调度,连续七年实现了黄河不断流。为优化配置黄河水资源,取得更好的经济、社会和生态效益,积累了比较成功的管理制度和经验。对这些行之有效的制度措施有必要通过立法的形式予以法律化、规范化,使之成为黄河流域管理机构、有关地方人民政府、水工程管理单位共同遵守的规则。

(5)制定《条例》是解决黄河水量调度中存在多种矛盾的有效保障。黄河水量调度涉及流域内九个省(自治区)和从黄河调水的河北省、天津市,由于有关各方权力责任不够明确,加上黄河水量短缺,供需矛盾突出,围绕黄河水资源的分配、使用、水量调度、水工程管理等问题,上下游矛盾、左右岸矛盾,黄河流域管理机构、有关地方人民政府、水工程管理单位之间以及地方政府之间不尽协调,在一定程度上影响了黄河水量的有效调度,加剧了用水矛盾。因此,需要依法建立有效的黄河水量分配机制、划分水量调度权限和责任、完善调度制度和程序,提高政府行政效率,解决黄河水量调度中存在的多种矛盾。

3.2 《条例》概述及其解决的主要问题

3.2.1 《条例》概述

2006年7月24日,国务院总理温家宝签署第472号国务院令,公布了《黄河水量调度条例》,于2006年8月1日起正式施行。这是国家关于黄河治理开发出台的第一部行政法规。该条例有7章,共43条,主要内容包括黄河水量调度的适用范围,调度原则,调度管理体制,黄河水量分配和调整的原则和程序,正常情况下黄河水量调度的方式、调度程序、权限划分、控制手段,应急调度的程序和手段,监督管理的类型、措施和程序,违反水量调度的法律责任等。

《条例》根据《水法》相关规定并总结1999~2005年黄河水量调度的实践经验,确立了黄河水量调度的基本原则,建立了黄河水量调度责任制;明确界定了水量调度有关责任主体及其职责、权限,建立起了流域管理与行政区域管理相结合的水量调度管理体制;规定了黄河水量分配方案制订、审查、批准的程序及其调整机制,提出了制订黄河水量分配方案应当遵循的原则,并赋予其相应的法律地位和法律效力;明确了正常情况下黄河水量调度的方式,全面规定了包括省区市用水计划及水库运行计划建议申报、年度水量计划制订、审批、调整和月、旬水量调度方案的制订、下达及其实时调整等一系列调度程序,明确划分了有关责任主体对黄河干支流及重要控制性水库的调度权限,建立了黄河水量调度的水文断面流量控制制度及其责任制体系,强化了水量调度的控制手段;规定了完整的应急水量调度制度及处置机制,明确界定了实施应急水量调度的条件、程序和手段;明确了水量调度监督检查的责任主体及其权限;明确了水量调度监督检查的责任主体及其权限,监督检查的方式、措施;强化了违反水量调度行为的处罚力度等。

3.2.2 《条例》的适用范围、原则及目标

3.2.2.1 《条例》的适用范围

关于《条例》适用的省份。青海、四川、甘肃、宁夏、内蒙古、陕西、山西、河南、山东九个省(区)地处黄河流域,河北、天津两个省市每年需要从黄河调水,黄河水资源的开发利用与上述十一个省(区、市)的经济社会发展密切相关。为此,《条例》第二条规定,黄河水量调度和管理适用于上述十一个省区市。

关于《条例》适用的河流区域。1987年颁布的《黄河可供水量分配方案》,未涉及黄河支流水量调度。由于缺乏对支流的控制,一些支流出现水资源过度开发的情况,如黄河重要支流汾河、渭河、沁河等,都曾出现过季节性断流,致使入黄水量急剧减少,威胁到沿黄人民的生产生活和生态环境用水。考虑到支流用水管理失控将严重影响黄河总水量的分配和调度,为此,《条例》除对黄河干流的统一调度作了规定外,对重要支流,也将其纳入了统一调度的范围。

3.2.2.2 水量调度的原则

《条例》从有利于水量调度的实施与管理、便于各用水部门间关系协调的角度出发,确立了黄河水量统一调度制度,并规定,水量调度工作应该遵循总量控制、断面流量控制、分级管理、分级负责的原则。同时,根据黄河水少沙多的特性,在充分考虑防止黄河断流、保证相关地区经济社会发展需要的基础上,《条例》规定了水量调度应该满足的用水顺序,即在预留必需的黄河河道内输沙用水量后,黄河水量调度应当首先满足城乡居民生活用水,合理安排农业、工业与河道外生态环境用水。

3.2.2.3 水量调度目标

遏制省(区)超计划用水现象,保证河道内一定的生态基流,确保黄河不断流。建立公平、公正的用水秩序,从总量上逐步减少省(区)超计划用水的额度、归还被挤占的河道内生态用水,实现系列年年均耗水量不超过国务院分配各省(区)的耗水指标;并通过加强用水控制,尽快实现各年度引黄耗水量不超过年度分水指标;有效兼顾"三生"用水需求,实现黄河功能性不断流。

3.2.3 《条例》出台的意义

《条例》是我国关于黄河治理开发出台的第一部行政法规,也是我国关于

大江大河流域水量调度管理的第一部行政法规，是流域管理立法的重要成果，填补了黄河专门立法的空白，在黄河治理开发史及我国流域管理史上具有开拓性、奠基性和里程碑式的意义。《条例》的颁布实施，开创了依法治河和依法管河的历史新阶段、新局面，为黄河水量调度提供了健全完善的法律手段，对于加强黄河水资源的统一管理与调度，防止黄河断流，促进黄河水资源的可持续利用，支撑流域经济社会的可持续发展，将会发挥重要的保障作用。

《条例》的出台，使水量调度走上依法调度的轨道，使水量调度范围由原来的干流分河段分时段向全河全年包括主要支流扩展，主要支流水量调度与分水细化是深入实施《条例》的具体标志。条例的出台，具有三方面的重大意义。一是对黄河而言，实现了在法规层面上，把《水法》关于水量调度的基本制度落实在黄河流域的实处，建立起黄河水量调度长效机制，极大地促进了有限的黄河水资源的优化配置，有利于提高利用效率，缓解黄河流域水资源供需矛盾和水量调度中存在的问题，正确处理上下游、左右岸、地区之间、部门之间的关系；有利于以人为本，统筹协调沿黄地区经济社会发展与生态环境保护，减轻和消除黄河断流造成的严重后果，为当地人民群众的安居乐业和长远发展提供有力的法律保障。二是对全国而言，《条例》是我国第一部关于大江大河流域水量调度管理的法律法规，是贯彻落实科学发展观的具体实践，为其他流域提供了可供借鉴的成功经验，具有示范意义，按照建设资源节约型、环境友好型社会的目标，对于实现全国水资源的节约、高效、可持续利用，都具有十分重要的意义。三是《条例》通过及颁布实施，充分肯定了黄河水量调度以来，实现了黄河水资源优化配置，缓解了黄河水资源供需矛盾，遏制了黄河断流的经验和成绩，也是对黄河水资源统一调度与管理经验和总结的升华，同时也为不断建立健全关于黄河治理开发与管理保护及真正走上法制化轨道提供了基础。

《条例》的制定，是保持黄河战略地位的需要，是把《水法》规定的基本制度与黄河自身特点相结合的必然要求，是减轻和消除黄河断流的重要手段，更是建立有效的黄河水量调度长效机制的必然选择。

3.2.4 《条例》建立的主要制度

3.2.4.1 明确《条例》的适用范围和适用的主体

《条例》第二条规定："黄河流域的青海省、四川省、甘肃省、宁夏回族自治区、内蒙古自治区、陕西省、山西省、河南省、山东省以及国务院批准取用黄河水的河北省、天津市(以下称十一省市)的黄河水资源调度和管理,适用本条例。"同时,在第十一条和第十二条均规定年度和月用水计划建议和水库运行计划建议申报主体为"由十一省区人民政府水行政主管部门和河南、山东黄河河务局以及水库管理单位向黄河水利委员会申报"。年度水量调度计划制定主体为"黄河水利委员会商十一省区人民政府水行政主管部门和河南、山东黄河河务局以及水库管理单位制定"。这三条解决了《条例》的适用范围和适用主体的问题。

3.2.4.2 《条例》建立并理顺了水量调度管理体制,明确规定了黄河水量调度有关责任主体的职责权限,形成了黄河水量调度的组织保障体系

黄河水量调度工作涉及面广、关系复杂,明确了相关主体的职责,既有利于水量调度工作的组织领导,也有利于发挥各方面的积极性。《条例》从有利于水量调度管理的角度出发,在黄河水量实行统一调度的前提下规定了黄河水量调度分级管理、分级负责的制度。具体体现在以下三个方面。

一是明确了中央与地方的职责分工。《条例》第五条将国务院所属水利部和国家发展和改革委员会定位为负责黄河水量调度的组织、协调、监督、指导的部门。大规模的活动由国务院的这两个部门直接组织,比较大的矛盾、大的利益冲突需要由其直接协调,对于地方是否严格执行了国务院指示的精神、《条例》的精神,国务院的这两个部门既有义务实施监督,也有义务指导。黄河水量调度工作具体的组织实施和监督检查,是黄委的职能。有关地方人民政府水行政主管部门和黄委所属管理机构负责所辖范围内黄河水量调度的具体实施,对其进行必要的监督检查。

二是划分了水利部、国家发展和改革委员会、黄委、有关地方人民政府及水行政主管部门在黄河水量分配方案、年度水量调度计划、月和旬水量调度方案与实时指令的制订和下达方面的职责和权限。

三是分清了有关省级人民政府和黄委及其所属的河南黄河河务局、山东黄河河务局对黄河干支流和重要水库的调度权限。《条例》根据《中华人民共和国水法》第十二条"水资源实行流域管理与行政区域管理相结合的管理体制",规定流域机构的职责主要体现在编制、监督和实施流域的各种规划,调配水量,调解行政区域之间的水事纠纷,管理、控制主要的水利工程;地方人民政府主要是按照《中华人民共和国水法》的规定,负责本流域与区域流域的权限划分作了以下规定:

(1)在对黄河干、支流的调度权限方面,《条例》第十六条规定,青海省、四川省、甘肃省、宁夏回族自治区、内蒙古自治区、陕西省、山西省境内黄河干、支

流的水量,分别由各省级人民政府水行政主管部门负责调度;河南省、山东省境内黄河干流的水量,分别由河南、山东黄河河务局负责调度,支流的水量,分别由河南省、山东省人民政府水行政主管部门负责调度;调入河北省、天津市的黄河水量,分别由河北省、天津市人民政府水行政主管部门负责调度。

(2)在对水库的调度权限方面,《条例》第十七条规定,龙羊峡、刘家峡、万家寨、三门峡、小浪底、西霞院、故县、东平湖等水库,由黄河水利委员会组织实施水量调度,下达月、旬水量调度方案及实时调度指令;必要时,黄河水利委员会可以对大峡、沙坡头、青铜峡、三盛公、陆浑等水库组织实施水量调度,下达实时调度指令。

(3)明确了黄委、有关省级人民政府、重要水库主管部门或者单位所负责的重要水文控制断面,并规定其在相应断面流量控制中的责任。《条例》第十八条规定:青海省、甘肃省、宁夏回族自治区、内蒙古自治区、河南省、山东省人民政府,分别负责并确保循化、下河沿、石嘴山、头道拐、高村、利津水文断面的下泄流量符合规定的控制指标;陕西省和山西省人民政府共同负责并确保潼关水文断面的下泄流量符合规定的控制指标。

3.2.4.3　确立了水量分配方案的法律地位

水量分配是水量调度的基础,水量分配方案是水量调度的依据。根据《中华人民共和国水法》的有关规定,《条例》对水量分配方案作了以下规定。

一是明确了制订水量分配方案的原则。《条例》第八条规定:制订黄河水量分配方案,应当遵循下列原则:(一)依据流域规划和水中长期供求规划;(二)坚持计划用水、节约用水;(三)充分考虑黄河流域水资源条件,取用水现状、供需情况及发展趋势,发挥黄河水资源的综合效益;(四)统筹兼顾生活、生产、生态环境用水;(五)正确处理上下游、左右岸的关系;(六)科学确定河道输沙入海水量和可供水量。要求黄河水量分配方案的制订,既要遵循经济规律,又要遵循自然规律;既要考虑经济社会效益,又要考虑生态环境效益。

二是规范了水量分配方案的制订和修改的程序。为满足十一省区市的用水需求,同时为保证国家对黄河水资源实行有效调控,《条例》第七、九条对黄河水量分配方案制订修改程序作了规定,即制订或修改黄河水量分配方案时,由黄河水利委员会商十一省(区、市)人民政府提出方案意见,经国务院发展改革主管部门和国务院水行政主管部门审查同意,报国务院批准。

三是确定了水量分配方案的法律地位。针对以往实践中黄河水量分配方案缺乏强制执行力、难以执行的问题,《条例》第七条明确强调,国务院批准的黄河水量分配方案,是黄河水量调度的依据,有关地方人民政府和黄河水利委员会及其所属管理机构必须执行。

3.2.4.4 解决了水量调度计划的制订程序问题以及建立黄河干支流水文断面流量控制指标

根据黄河自身特点,为保证水量分配方案的实施,《条例》对正常情况下黄河年度水量调度计划、月和旬水量调度方案、实时调度以及水文断面流量控制等作了以下规定。

一是规定了年度的水量调度计划的制订原则、制订程序。考虑到黄河来水量年际变化大的特点,为保证水量调度依据的可执行性,《条例》第十二条、第十三条规定:年度水量调度计划由黄河水利委员会商十一省区市人民政府水行政主管部门和河南、山东黄河河务局以及水库管理单位,依据经批准的黄河水量分配方案和年度预测来水量、水库蓄水量,按照同比例丰增枯减、多年调节水库蓄丰补枯的原则,在综合平衡申报的年度用水计划建议和水库运行计划建议的基础上制订。

二是规范了月、旬水量调度实施条件和程序。《条例》要求黄委根据经批准的年度水量调度计划和申报的月用水计划建议、水库运行计划建议制订并下达月水量调度方案;在用水高峰时要根据需要制订并下达旬水量调度方案。

三是规定了实时调度。黄河流域水量调度战线长、范围广,在调度过程中存在许多不确定因素,因此允许黄委在必要时适时下达实时调度指令。《条例》第十五条规定:黄委可以根据实时水情、雨情、旱情、墒情、水库蓄水量及用水情况,可以对已下达的月、旬水量调度方案做出调整,下达实时调度指令。

四是建立了严格的水文断面流量控制制度。《条例》第十八条规定:黄河水量调度实行水文断面流量控制。黄河干流水文断面的流量控制指标,由黄河水利委员会规定;重要支流水文断面及其流量控制指标,由黄河水利委员会会同黄河流域有关省、自治区人民政府水行政主管部门规定。断面控制情况是检验调度指令执行情况的具体指标,与行政首长责任制直接相关,且与黄河不断流状况相关,流量控制制度是实施《条例》各项管理和监督处罚制度的关键所在。

3.2.4.5 建立了应急水量调度体系,防止黄河断流

为了及时、有效地处理黄河流域出现的各种涉水应急事件,防止黄河断流,《条例》对应急水量调度作了以下规定。

一是明确了应急水量调度的实施条件。《条例》第二十一条规定:出现严重干旱、省际或者重要控制断面流量降至预警流量、水库运行故障、重大水污染事故等情况,可能造成供水危机、黄河断流时,黄河水利委员会应当组织实

施应急调度。

二是规定了旱情紧急情况下的水量调度预案制度。为了做到应急管理日常化,《条例》第二十二条规定:黄河水利委员会应当商十一省区市人民政府以及水库主管部门或者单位,制订旱情紧急情况下的水量调度预案,经国务院水行政主管部门审查。《条例》第二十三条规定:十一省区市人民政府水行政主管部门和河南、山东黄河河务局以及水库管理单位,应当根据经批准的旱情紧急情况下的水量调度预案,制订实施方案。

三是规定了应急处置措施。《条例》第二十六条规定:出现省际或者重要控制断面流量降至预警流量、水库运行故障以及重大水污染事故等情况时,黄河水利委员会及其所属管理机构、有关省级人民政府及其水行政主管部门和环境保护主管部门以及水库管理单位,应当根据需要,按照规定的权限和职责,及时采取措施压减取水量直至关闭取水口、实施水库应急泄流方案、加强水文监测、对排污企业实行限产或者停产等处置措施。

此外,为保证黄河水量调度各项制度的落实,《条例》对政府、政府有关部门、黄委及其所属管理机构,包括工作人员,都规定了行政甚至刑事责任。

3.2.4.6 建立了严格的监督检查和法律责任,来确保黄河水量调度指令的实现或实施

非常注重贯彻"公正、公平、公开"的原则,如在年度水量分配方案和调度计划制订、河南省与山东省月用水计划建议的申报、关于水文测验数据、关于水量调度执行情况的监督等方面,都明确建立了符合"公正、公平、公开"原则的协商与协调机制、通报制度。同时,为防止破坏"公正、公平、公开"原则,又建立了严格的监督检查和法律责任。共分为四类:一是通过将黄河水量调度情况定期向调水利益方通报和向社会公布的方式,接受社会监督;二是完善对水库、主要取(退)水口巡回监督检查方式和内容;三是对违反水量调度纪律的责任人员实施行政处罚措施;四是对违反水量调度规定或破坏水量调度秩序的行为实施行政处罚,直至追究刑事责任。为了增强可操作性和严肃性,《条例》在第三十五条至四十条规定了罚则,基本上与水量调度各项工作对应。对违反水量调度的不同情形,逐一给定相应的处罚措施,来确保黄河水量调度指令的实现或实施。通过上述措施,实现了以国家法规的强制力保障黄河水量调度的正常运行。

3.3 《条例》实施后的水量统一调度管理(2006~2010年)

2006年7月5日,国务院第142次常务会议审议通过了《黄河水量调度条例》,7月24日,国务院令第472号颁布了《黄河水量调度条例》,并于2006年8月1日起正式施行。

2006年以来河南黄河河务局开展了水量调度工作,认真贯彻落实黄委实行最严格的水资源管理制度的工作要求,建立最严格的河南黄河水资源管理体系,强化水资源统一管理与调度,坚持“两个确保”,供水管理与需水管理并重,进一步优化配置水资源和精细调度,有效利用黄河水资源,提高用水保证率。

河南黄河河务局按照水利部《黄河水量调度条例实施细则(试行)》,进行黄河水量调度日常管理,包括年度水量调度计划、月调度方案、旬订单、实时调度,并与河南省水利厅会商。在扩展调度期,开展了汛期水量调度,进行了调水调沙用水控制管理,开展了涵闸引渠防淤减淤技术管理,开展了干支流水量调度监督检查。2009年和2011年进行了防汛抗旱应急调度。2007~2010年河南黄河河务局共发布黄河水量调度年计划、月、旬方案共100份。2007~2010年,河南省共引黄河水91.60亿m^3,圆满完成了各年度水量调度工作任务,见表3-2。

表3-2 2007~2010年河南黄河实际引水量统计 (单位:万m^3)

月份	2007年	2008年	2009年	2010年	合计
1月	4 937	4 233	16 224	9 620	35 014
2月	4 861	10 232	53 077	19 037	87 207
3月	17 374	39 766	10 916	39 079	107 135
4月	22 460	15 356	18 211	21 936	77 963
5月	27 015	26 426	28 632	38 347	120 420
6月	36 825	40 490	50 152	51 576	179 043
7月	12 192	15 824	22 887	32 775	83 678
8月	12 483	14 673	19 577	22 175	68 908
9月	13 177	17 546	16 962	13 783	61 468

续表 3-2

月份	2007 年	2008 年	2009 年	2010 年	合计
10 月	4 763	6 722	11 325	15 977	38 787
11 月	3 095	5 785	6 955	9 466	25 301
12 月	3 125	9 625	5 165	13 165	31 080
年合计	162 307	206 678	260 083	286 936	916 004

3.3.1 配套制定《河南黄河抗旱应急响应预案》和有关管理办法

在总结抗旱实战经验的基础上，河南黄河河务局逐步完善应急响应体制、机制和措施，及时编制印发了《河南黄河抗旱应急响应预案（试行）》，增强了预案的实用性、针对性和可操作性。建立和规范了抗旱组织指挥机制和程序，明确了旱灾的防范措施和处置程序，提高了应急处置能力和工作效率，为各级抗旱指挥部门实施黄河水资源调配、抗旱救灾提供了决策依据。根据不同旱情、不同需水，因地制宜，突出重点，细化措施，制订相应的抗旱调度措施，全力保障河南沿黄地区用水安全。

2007 年初水管体制改革，有些管理权属发生变更，为了明确引水计量的职责，理顺工作关系，河南黄河河务局正在进一步修正和完善现行的《河南黄河引水计量管理办法》。

3.3.2 开展了支流调度

自 2006 年末沁河水量实施统一调度以来，河南黄河河务局受黄委委托开展此项工作，行使监督管理权。2007 年 1 月 10 日印发的《关于对伊洛河、沁河实施水量调度监督管理的通知》，2007 年 1 月 15 日印发的《转发黄委关于测算黄河水量调度增加任务经费的通知》，对沁河调度职责进行了划分，明确了职责单位和人员，上报了测算增加水量调度资金。2007 年 3 月 2 日印发《关于加强沁河取水监督管理的紧急通知》，要求有关单位密切关注武陟断面流量，及时处置支流小流量预警事件。4 月 14 日对沁河进行督查，发现沁河武陟站流量接近预警流量，河南黄河河务局立即组织有关人员到现场督察，关闭了部分引水门，有效地防止了小流量预警事件的发生。

3.3.3 扩展了调度时段

《条例》颁布前,黄河水量调度期为每年11月1日到次年6月30日,《条例》颁布后,黄河水量调度期为每年7月1日到次年6月30日,调度期扩展到全年。开展汛期水量调度,树立了汛期水量统一调度的意识,实行了全年调度,为实现总量控制目标奠定了基础。

3.3.4 以创新促水量调度管理水平的提高

3.3.4.1 "防淤减淤"技术研究

近年来,河南黄河河务局开展的防淤减淤工作,是提高引黄效益的有益探索,通过拉沙冲淤、购置挖掘机开挖渠道,有效地改善了河南省的引水条件,但由于河南黄河河务局引渠长、河床下切、引水条件差,以及黄河水少沙多、调水调沙等因素,决定了防淤减淤将经历一个长期的、复杂的、反复的过程,需要不断总结、完善、提高。

河南引黄工程存在着不可回避的三大客观问题,一是游荡性河道,河势多变,对引水造成的困难;二是引渠淤积严重,清淤难度大,造成引水困难;三是经过黄河调水调沙运行,主河槽下切,排洪能力增强,同流量级水位下降,造成引水困难。通过分析,解决三个问题的根本方法是引渠开挖或引渠清淤,从技术层面上讲,比对黄河水位和涵闸底板高程,每座涵闸都可以引出水,关键是闸前引渠这个"瓶颈"。为了指导灌区解决这些困难,壮大河南黄河的供水产业,增加经济收入,河南黄河河务局加强防淤减淤措施研究,在黄委水调局的大力支持和帮助下,实施了灌溉关键期小浪底大流量集中下泄、恢复引水功能、防淤减淤、拉沙冲淤、调水调沙期间特殊调度等一系列措施,发挥了较显著的作用。人民胜利渠管理局和濮阳灌区管理单位非常重视这个"瓶颈"问题,在灌区复灌面积和水稻面积不断增加的情况下,采取各种措施,基本保证了引水需要,对灌区群众增产增收发挥了重要的作用。

通过对2006年防淤减淤数据的分析研究,河南黄河河务局编写了《2006年调水调沙后期拉沙冲淤技术分析》,在此基础上,2007年继续探索和完善《河南黄河引黄工程防淤减淤实施方案》,研究在用水高峰、汛期、调水调沙期间等不同情况下的防淤减淤措施,适时进行防淤减淤,建立各涵闸引渠有关防淤减淤资料档案。

同年,印发出台了《2007年黄河调水调沙期间河南引黄工程防淤减淤实施方案》，明确防淤减淤指导思想和工作原则，制定了具体的实施步骤和保障措施，该工作伴随着调水调沙正在有序地组织实施中，必将有利于引黄工程的供水安全和效益的正常发挥。

3.3.4.2 开展黄河明渠高含沙水流超声波自动计量技术研究，实现自动化计量

为加强河南黄河水资源统一管理，充分分配利用河南黄河水量，河南黄河河务局与武汉先达监测技术有限公司合作开展了黄河引水灌溉超声波监测应用项目的研究工作，该项目是运用超声波技术对宽水域、大流量以及高含沙量的黄河水进行量测，并实现自动化实时在线监测，同时实现远距离数据传输。目前通过黄委审核，分别申报了国家科技部农业科技成果转化资金项目和水利部科技推广项目的申请。

3.3.5 开展水资源精细化管理研究

精细管理造就完美。河南黄河河务局 2007 年积极开展了河南黄河水资源精细化管理的探索研究和实践。河南黄河水资源精细化管理以细化、量化、流程化、系统化、标准化为基本方法，体现精、准、细、严的操作特征，推动和促进精细化管理，制定了《2007 年河南黄河水资源精细化管理工作意见》(豫黄水调〔2007〕4 号)，明确了 2007 年水资源精细化管理工作的指导思想和任务，从七个方面采取措施，确保精细化管理工作落实到位。

《2007 年河南黄河水资源精细化管理工作意见》确定的 11 项工作任务，包括用水计划管理、实时调度管理、引水计量管理、水量调度日常管理、黄河调水调沙引水控制管理、涵闸引渠防淤减淤技术管理、水调督查、河南黄河水资源行政管理、取水许可监督管理、突发事件管理、修订和完善各项规章制度。现已完成用水计划管理、实时调度管理、水量调度日常管理、黄河调水调沙引水控制管理、突发事件管理等五项工作。

3.3.6 全面了解涵闸远程监控系统情况，充分发挥促进和纽带作用

河南黄河河务局召开涵闸远程监控系统移交工作会，明确规定各项职能的具体实施部门，在实际操作过程中，积极参与涵闸远程监控系统工作，充分发挥纽带作用，针对系统中存在的问题和不足，研究解决方案，使河南黄河涵闸远程监控系统逐步进入正常运行阶段。

第4章　河南黄河执行《条例》的情况

4.1　《条例》的学习宣传贯彻情况

2006年7月24日，国务院总理温家宝签署第472号国务院令，公布了《黄河水量调度条例》，并于8月1日起正式施行。这是在国家层面制定的第一部黄河治理开发专门法规，在黄河治理开发与管理的历史上，具有里程碑的意义。8月7日，黄委党组就《条例》的学习宣传贯彻作了部署，黄委以黄水政〔2006〕16号《关于学习宣传贯彻〈黄河水量调度条例〉的通知》（以下可简称《通知》）下发委属各单位和机关各部门执行。

根据黄委《通知》要求，为学习、宣传、贯彻、落实好《条例》，河南黄河河务局及所属各单位采取多种多样的形式学习宣传《条例》，促进《条例》的有效贯彻实施。

一是加强领导，狠抓落实，充分认识《条例》颁布施行的重要意义。全面部署，精心安排，组织全体工作人员，特别是领导干部、水行政执法人员学习《条例》，深入领会精神实质，开创依法管水的新局面，以水资源的可持续利用保障经济社会的可持续发展。

二是认真组织学习《条例》。将学习、宣传、贯彻《条例》列入重要的议事日程，把黄河水量调度的适用范围，调度原则，调度管理体制，黄河水量分配和调整的原则和程序，正常情况下黄河水量调度的方式、调度程序、权限划分、控制手段，应急调度的程序和手段，监督管理的类型、措施和程序，违反水量调度的法律责任作为重点宣传学习内容，并组织全局职工参加学习《条例》知识答卷活动。通过各种形式的学习，准确把握《条例》条文，熟知《条例》所赋予的各项职责，加快实现由注重运用行政手段管理向注重运用法律手段管理转变，全面提高依法行政、依法治水的能力和水平。

三是广泛开展《条例》的宣传。水政、供水部门做出了细化宣传贯彻方案，面向沿黄村庄、提灌站、灌区、闸门采取开座谈会、发放宣传册等形式，加强宣传,把《条例》的宣传普及作为“五五”普法的重要内容,采取多种形式,面向全社会广泛开展宣传教育活动,进一步提高全社会的水忧患意识观念。争取支持,营造良好的普法环境。2006 年 9 月,河南黄河河务局举办了《黄河水量调度条例》培训班,局属各河务局水调科长和供水局骨干近 50 人参加,就《黄河水量调度条例》《取水许可和水资源费征收管理条例》逐条逐款,结合颁布实施一年来的经验体会进行讲解,大家讨论热烈,通过培训,使学员进一步明确了黄河水调的职责、权利和义务。在学习《条例》的基础上,河南黄河河务局结合实际工作,撰写了题为《认真贯彻执行〈黄河水量调度条例〉 推进河南黄河水调工作精细化管理》的文章。

四是强化《条例》实施的监督检查。真正做到有法必依、执法必严、违法必究。继续推进水政监察规范化建设,大力推进水行政执法工作,不断提高执法能力和水平,忠于职守、秉公执法、热情服务,真正做到有法必依、执法必严、违法必究,认真查处违法案件,维护依法治水的良好秩序。

4.2 机构和调度职能落实情况

根据《关于印发河南黄河河务局机关各部门职能配置、机构设置和人员编制方案的通知》(豫黄人劳〔2002〕29 号),河南黄河河务局设立水资源管理与调度处。主要职责是:统一管理河南黄河水资源(包括地表水和地下水),依照黄委批准的黄河水量分配方案,制订河南省黄河水供求计划和水量调度方案,并负责实时调度和监督管理,审核涵闸放水计划,执行用水签票制度;负责《黄河下游水量调度工作责任制》的贯彻落实;组织或指导涉及黄河河道管理范围内建设项目的水资源论证工作;负责河南黄河河段水量调度系统建设的行业管理;在授权范围内组织实施取水许可制度、水资源费征收制度,保护和利用黄河水资源;承办局领导交办的其他工作。

机构设置:水资源管理与调度处设水资源科、水量调度与督查科两个职能科,人员编制 8 人,其中,处领导 1 正 1 副、水资源科 2 人、水量调度与督查科 4 人。

河南黄河河务局所属市县河务局均设有水政水资源科,水资源业务归口河南黄河河务局水资源管理与调度处。

根据豫黄人劳〔2011〕48 号文《关于印发河南黄河河务局机关各部门主要职责、内设科室和人员编制规定的通知》,水资源管理与调度处的主要职责为:负责辖区内《黄河水量调度条例》的实施并监督检查;配合做好河南黄河水行政许可有关工作;负责河南黄河水资源的合理开发利用、管理和监督,统筹协调河南黄河生活、生产和生态用水;受上级委托组织开展河南黄河水资源调查评价工作;依据黄委批复的黄河可供水量分配方案和年度水量调度计划以及旱情紧急情况下的水量调度预案,编报河南黄河干流引黄用水需求建议计划和水量调度方案,组织实施河南黄河干流水量调度工作;组织、协调、监督、指导河南黄河抗旱工作,按照规定和授权对重要水工程实施抗旱调度和应急水量调度,出现应急情况时,及时启动应急响应,实施应急调度;承担河南省防汛抗旱指挥部黄河防汛抗旱办公室的抗旱日常工作;在管理范围内负责组织实施取水许可和水资源论证等制度,组织开展取水许可总量控制和取水许可监督检查;负责黄委审批发证的取用水工程或设施的取用水统计工作,配合做好跨省(区)支流水量分配方案的制订工作;按规定指导管辖范围内农村水利有关工作;负责推进水量调度现代化建设;负责引黄涵闸远程监控系统的监督管理,协调和指导河南黄河引黄供水工作;承办局领导交办的其他事项。

与2002年相比,水资源管理与调度处主要职责有所增加:主要增加了《黄河水量调度条例》的实施并监督检查、抗旱和应急调度职能,引黄涵闸远程监控以及农村水利工作等。

4.3　配套规章制度建设情况

4.3.1　水利部、黄委制定的有关配套制度

水利部制定的有关制度有:2007年11月20日以水资源〔2007〕469号颁布实施的《黄河水量调度条例实施细则(试行)》。

黄委制定的有关制度有:2008年7月1日以黄防总〔2008〕5号颁布实施的《关于印发实施〈黄河流域抗旱预案(试行)〉的通知》,2008年9月16日以黄水调〔2008〕41号颁布实施的《关于印发〈黄河水量调度突发事件应急处置规定〉的通知》,2010年6月30日以黄水调〔2010〕50号颁布实施的《关于印发〈黄河水资源管理与调度督查办法(试行)〉的通知》。

4.3.1.1　《黄河水量调度条例实施细则(试行)》

2007年11月20日,水利部颁布了《黄河水量调度条例实施细则(试行)》(以下简称《实施细则》),明确了黄河水量调度的精度控制要求、支流水量调

度管理的模式，规定了干流控制断面预警流量和重要支流控制断面最小下泄流量和对应的保证率，以及责任人名单、用水和水库运行计划建议、用水统计资料报送、水量调度公告与通报的时限要求等。

4.3.1.2 《黄河流域抗旱预案(试行)》

《黄河流域抗旱预案(试行)》于2008年7月1日起施行，该预案规定了区域发生干旱、可供水量不足、断面预警等三类干旱事件和红、橙、黄、蓝四个预警等级及有关各方相应的响应行动。该预案在四个方面实现了流域抗旱工作的规范化、制度化：建立健全和规范了抗旱组织指挥机制和程序；建立了旱情信息监测、处理、上报和发布机制，掌握了旱情发展动态；制定了旱情紧急情况和黄河水量调度突发事件的判别标准和应对措施，防止黄河断流，保障黄河流域供水安全和生态安全；明确黄河防总、黄委、沿黄有关省(区)防指、水库管理单位抗旱工作职责。

4.3.1.3 《黄河水量调度突发事件应急处置规定》

《黄河水量调度突发事件应急处置规定》于2008年9月16日施行。此次对原《黄河水量调度突发事件应急处置规定(试行)》的修订，对突发事件分类进行了调整，增加了支流小流量事件，以及近年调度中出现的其他突发事件；体现分级管理、分级负责的原则，优化调整了断面水文测验的频次和要求，对支流测验频次规定了幅度。

4.3.1.4 《黄河水资源管理与调度督查办法(试行)》

《黄河水资源管理与调度督查办法(试行)》于2010年6月30日施行。该办法规定了黄河水资源管理与调度督查工作，实行分级管理、分级负责。从工作方式上分为网上督查或现场督查两种方式；从工作时机分为常规督查、用水高峰期督查和突发事件督查三种类型，并规定了三种督查类型的具体督查内容。对督查人员违法、渎职、失职情况将进行问责并追究责任。

4.3.2 河南黄河河务局制定的有关配套制度

河南黄河河务局制定的有关制度有：2009年6月5日，以豫黄水调〔2009〕5号颁布实施《河南黄河抗旱应急响应预案(试行)》；2010年4月20日，以豫黄水调〔2010〕7号颁布实施的《河南黄河水量调度突发事件应急处置规定(修订)》。

4.3.2.1 《河南黄河抗旱应急响应预案(试行)》

《河南黄河抗旱应急响应预案(试行)》于 2009 年 6 月 5 日施行。文件分为四章,主要内容包括:编制目的、编制依据、适用范围、工作原则;组织指挥体系及职责;应急响应(分 3 级)、启动条件与程序、响应行动、响应终止;附则。

该预案规定了河南黄河干流和重要支流(伊洛河、沁河)以及河南引黄受益地区范围内发生干旱、可供水量不足、断面预警等三类干旱事件和红、橙、黄、蓝四个预警等级对应 3 个响应等级。《河南黄河抗旱应急响应预案》的制订,使河南黄河抗旱工作实现了规范化、制度化,获河南河务局创新成果特等奖。

2009 年和 2011 年冬春相交之季,河南省发生了严重干旱,河南黄河河务局启动了《河南黄河抗旱应急响应预案》,明确提出将应急抗旱作为工作中的重中之重,准确把握引黄工程的引水能力,加大引黄渠道清淤力度,科学分析应急抗旱用水需求,全面统筹境内黄河水量,采取多种措施应急抗旱调度,全力以赴支持沿黄灌区抗旱浇麦,为夺取当年河南夏粮丰收发挥了重要作用,受到了河南省政府的表彰。

4.3.2.2 《河南黄河水量调度突发事件应急处置规定》

《河南黄河水量调度突发事件应急处置规定》于 2010 年 4 月 20 日施行。根据可能发生的情况,将突发事件分为三类。第一类突发事件:河南黄河干流省际或重要水文控制断面达到或小于预警流量(花园口 150 m^3/s、高村 120 m^3/s、孙口 100 m^3/s)。第二类突发事件:预测河南黄河干流省际或重要水文控制断面流量可能达到或小于预警流量。第三类突发事件:因满足防汛、防凌、抢险等要求,为保证公共安全和维护公共利益,需紧急调整河道引退水指标。《办法》规定了对各类突发事件的应对措施,并分别规定了奖励和处罚措施。

以上规范性文件的出台,不仅使《条例》规定的正常调度和应急调度更加细化,更具操作性,黄河水量调度应急机制更加完备,而且标志着《条例》配套制度建设全面完成。

4.4 水量调度责任制落实情况

4.4.1 黄委层面落实行政首长负责制

《条例》第一章第四条规定:黄河水量调度计划、调度方案和调度指令的执行，实行地方人民政府行政首长负责制和黄河水利委员会及其所属管理机构以及水库主管部门或者单位主要领导负责制。

结合我国行政管理体制，行政首长负责制是落实黄河水量调度的一项重要行政管理措施。为确保黄河水量调度管理目标的实现，黄河水量调度管理实行用水总量和重要控制断面下泄流量双指标控制，黄河重要控制断面包括省际控制断面和水利枢纽下泄流量控制断面，其中省际控制断面起到控制省（区）用水的目的，水利枢纽下泄流量控制断面则起到监督水利枢纽，实施水量调度情况的作用。在2003年旱情紧急情况下，黄河水量调度工作首次实行了以省（区）际断面流量控制为主要内容的行政首长负责制，对确保干旱年份黄河不断流起着非常重要的作用。《条例》及其实施细则将黄河水量调度责任制上升为法律制度固定下来，自《条例》颁布实施以来，已由水利部连续5年在媒体上公告了黄河水量调度责任人和有关省（区、市）水利厅（局）主管领导名单。

4.4.2 省（区）层面落实行政首长负责制

行政首长负责制作为一项基本的工作制度在黄河水量统一调度中推行以来，为完成水量调度任务提供了重要的支撑和保障。向社会公布黄河水量调度各级行政首长责任人和联系人名单，有利于发挥各级行政首长在黄河水量调度决策、指挥和监督等方面的关键作用，促进各责任单位及责任人认真履行职责，保证政令畅通，接受社会监督。同时，有利于提高黄河水量调度方案的执行力，实现黄河水资源的合理配置和可持续利用。

根据水利部公告，河南省的行政首长责任人是主管副省长。

黄河水利委员会及其管理机构主要领导责任人：黄河水利委员会主管副主任，河南黄河河务局主管副局长（主管黄河干流）。

水库主管部门或单位主要领导责任人：三门峡水利枢纽管理局主管副局长，水利部小浪底水利枢纽建设管理局局长。

黄河水量调度河南省水利厅主要领导责任人：主管副厅长（主管黄河支流）。

4.5　应急调度执行

4.5.1　应急调度依据

依据《条例》,当出现严重干旱、省际或者重要控制断面流量降至预警流量、水库运行故障、重大水污染事故等情况,可能造成供水危机、黄河断流时,黄河水利委员会应当组织实施应急调度。

4.5.2　河南黄河应急调度执行情况

4.5.2.1　抗旱应急调度

2008年冬至2009年春和2010年冬至2011年春,黄河流域发生了大面积干旱,河南省遭受了新中国成立以来最严重的旱情。在黄委和河南省委、省政府的正确领导下,在沿黄地方政府和灌区管理单位的支持和配合下,河南黄河河务局超前谋划、积极应对,及时召开紧急会议进行动员部署,分别启动应急抗旱Ⅰ、Ⅱ级响应,明确提出将应急抗旱作为工作中的重中之重,准确把握引黄工程的引水能力,加大引黄渠道清淤力度,科学分析应急抗旱用水需求,全面统筹境内黄河水量,采取多种措施应急抗旱调度,全力以赴支持沿黄灌区抗旱浇麦,为夺取河南夏粮丰收发挥了重要作用,圆满完成了2009年、2011年应急抗旱任务,最大限度地发挥了黄河水资源的效益,全面支持了河南省的抗旱工作,取得了显著的成绩。省委、省政府多次在会议上对黄委的大力支持和河南黄河河务局的工作给予了充分肯定和高度赞扬。

面对严重的旱情,河南黄河河务局积极响应黄河流域红色干旱预警及河南省抗旱Ⅰ级应急管理,全局各级水调、防办、供水、办公室等有关部门全部上岗到位,积极应对,做到信息互通,及时处理各种突发事件。

河南黄河河务局对沿黄旱情及需水情况进行调查摸底,分析河南沿黄引水能力及需求,准确向黄委上报河南抗旱引水计划,恳请黄委启动黄河流域抗旱预案,积极向黄委申请加大小浪底下泄流量。黄委对河南黄河河务局的工作给予了大力支持。河南省发生旱情之后,黄河防总依据《黄河流域抗旱预案(试行)》将预警逐步升级为红色预警。根据响应措施,加密会商,分析旱情、水情,制订调度方案,加大小浪底下泄流量。在河南抗旱进入攻坚克难的关键时期，在Ⅰ级响应机制下，采取一切有效措施，联合系统调度万家寨、小浪底、东平湖等各大水库，先后7次加大小浪底水库下泄流量，由最初的290 m^3/s，加大至1 000 m^3/s，该下泄流量是多年同期均值的3倍以上，有力地保证了河南抗旱用水水源。

河南黄河河务局充分利用雨情、墒情、水情、农情、河情等信息，分析沿黄灌区实际需水能力、引渠实际引水能力、灌区跨区供水能力，制订5日滚动用水计划、强化实时调度，积极调配引水指标，使河南引水指标保证率达100%。

2009年抗旱期间共开启引黄口门38处，所有引黄口门开启至最大程度，多年未用水的于店闸也开闸放水；全局引黄工程日引水流量由最初的30 m^3/s，最高达302.47 m^3/s，引水能力提高10倍以上；1～2月，共计抗旱引水6.93亿m^3，比水利部批准的年度计划多引水一倍以上；抗旱浇灌面积达885万亩（含滩区110万亩），河南省沿黄所有中度以上干旱面积均浇灌一遍，比去年第一轮春灌浇灌面积多一倍以上；补源面积342万亩，比往年补源面积增加一倍，多年未用上黄河水的滑县、内黄县、周口市、许昌市、民权县、杞县、通许县、尉氏县等地得到了浇灌（见表4-1）。

2011年抗旱期间，开启的引黄口门总数、日引水流量、引水总量均超过发生特大旱情的2009年同期，创30年以来同期最高。共开启引黄口门40座，日引水流量由42.44 m^3/s（2月1日）增加至370.66 m^3/s（2月26日），这期间引水能力提高8倍以上；抗旱累计用水量达10.03亿m^3（2010年10月10日至2011年3月2日），见表4-2；日灌溉和补源面积达36万亩，累计灌溉735.14万亩（含滩区38.48万亩）、补源208.76万亩。其中，抗旱应急用水4.28亿m^3，浇灌和补源面积648万亩。

通过应急抗旱调度，河南黄河河务局圆满完成了省委、省政府的抗旱浇麦保丰收工作任务，受到河南省委、省政府的高度赞扬。

表4-1 河南沿黄2009年抗旱浇麦情况统计

(单位:万亩)

序号	取水口门	用水灌区	灌溉面积		小麦种植面积		抗旱浇灌面积						灌区灌溉范围	
			设计	有效	2009年	年均	受旱	中度以上干旱	黄河水浇灌		补源		往年	2009年
									2009年	2008年	年均	2009年		
1	共产主义	武嘉灌区	36	10	35	35	8.6	0.35	0.35	0	0		武陟县、获嘉县、修武县	武陟县、获嘉县、修武县
2	张菜园	人民胜利渠灌区	148	40	50	50	38	38	43.2	0	0	0	武陟县、乔庙乡、新乡市	武陟县、乔庙乡、新乡市
3	老田庵	堤南灌区	19	5.3	17.5	17.5	5.3	4.52	4.52	0	0	0	武陟县、原阳县	武陟县、原阳县
4	韩董庄	韩董庄灌区	58	27	45	45	19	18	18	3	7	10	原阳县	原阳县、封丘县12乡镇,108个行政村
5	柳园													
6	祥符朱	祥符朱灌区	36.5	24	26	26	14	14	14	6	5	8	原阳县、延津县	原阳县、延津县9个乡镇,120个行政村
7	于店	封丘大功灌区	254.3	67	254	254	254	67	67	57		45	封丘县、长垣县	封丘县、长垣县、滑县、内黄县
8	红旗	新乡市大功灌区												
		滑县												
9	厂门口	辛庄灌区	28.7	10.7	16	16	16	10.7	10.7	9.5		3.5	封丘县	封丘县
10	堤湾													
11	辛庄													

续表 4-1

序号	取水口门	用水灌区	灌溉面积		小麦种植面积		抗旱浇灌面积						灌区灌溉范围	
			设计	有效	2009 年	年均	受旱	中度以上干旱	黄河水浇灌		补源		往年	2009 年
									2009 年	2008 年	年均	2009 年		
12	禅房	长垣左占灌区	17	13	13	13	13	13	15.8	9		0	长垣县	长垣县
13	大车集	大车灌区	10	9	9	8.8	9	4	4	2.5			5 乡镇 50 个村	5 乡镇 76 个村
14	石头庄	石头庄灌区	35	30	29	30	29	18	18	21			7 乡镇 145 个村	7 乡镇 194 个村
15	杨小寨													
16	渠村	濮清南灌区	70	150	150	100	150	100	100	60	50	45	高新区、濮阳县、华龙区、清丰县、南乐县	濮阳县、高新区、华龙区、清丰县、南乐县
		滑县	5	12	12	12	12	7	7	0	6	6	滑县	滑县
17	南小堤	南小堤灌区	48	48	48	48	48	48	48	48	7	6	濮阳县	濮阳县
18	梨园		3	3	3	3	3	0	0	0.3	0		濮阳县	濮阳县
19	王称固	王称固灌区	13	13	13	12	12	7	7	10	0	0	濮阳县	濮阳县
20	彭楼	彭楼灌区	100	97	90	85	85	73	73	66	0	0	范县、山东莘县	范县、山东省莘县
21	邢庙	邢庙灌区	20	11	11	10	10	10	10	8	0	0	范县	范县
22	于庄	于庄灌区	15	7.5	7	7	7	5	5	5	0	0	范县	范县

续表 4-1

序号	取水口门	用水灌区	灌溉面积		小麦种植面积		抗旱浇灌面积						灌区灌溉范围	
			设计	有效	2009 年	年均	受旱	中度以上干旱	黄河水浇灌		补源		往年	2009 年
									2009 年	2008 年	年均	2009 年		
23	刘楼	满庄灌区	9	7	7	6	6	5	5	6	0	0	台前县	台前县
24	王集	王集灌区	10	6	6	5	5	5	5	5	0	0	台前县	台前县
25	影堂	孙口灌区	10	10	10	9	9	8	8	8	0	0	台前县	台前县
26	东大坝													
27	花园口	花园口灌区	24	15	4.5	4	0.9	0.9	2.16	1.5		4	郑州市惠济区、金水区	郑州市惠济区、金水区，贾鲁河、东风渠生态冲污及通往下游进行补源、地下水补给
28	马渡													
29	杨桥	杨桥灌区	34	16	9.5	9	6	6	10.00	6.5	3	6	中牟县	中牟县
30	三刘寨	三刘寨灌区	23	16	9	8	4	4	5.50	6	3	4	中牟县	中牟县
31	赵口	赵口灌区	572	158.5	420	324	345	111.4	111.38	38		100	中牟县、开封县、通许县、尉氏县、开封城区	中牟县、开封县、通许县、尉氏县、开封城区、周口市、许昌市

续表 4-1

序号	取水口门	用水灌区	灌溉面积		小麦种植面积		抗旱浇灌面积						灌区灌溉范围	
							受旱	中度以上干旱	黄河水浇灌		补源		往年	2009 年
			设计	有效	2009 年	年均			2009 年	2008 年	年均	2009 年		
32	黑岗口	黑岗口灌区	66	18	18	18	12	12	17	0	4	5.2	开封城区	开封城区
33	柳园口	柳园口灌区	46	43	40	40	30	30	40	0	6	8.3	开封县	开封县、杞县
34	三义寨	三义寨灌区	537	120	120	120	118	118	118	0	80	90.5	兰考县、商丘水库	兰考县、商丘水库、民权县,睢县
35	新安提水	新安灌区												
36	王庄闸	王庄灌区	15.8	7.2	10.68	10.3	3.223	3.2	7.457	7			孟津县白鹤镇、会盟镇	孟津县白鹤镇、会盟镇
37	南岸取水	南岸灌区												
总计			2 263	994	1 483	1 326	1 272	741	775	383	171	342		

注:1. 抗旱浇灌面积指春灌第一次灌溉;
2. 灌区灌溉范围填至县。

表 4-2　2011 年河南黄河应急抗旱灌溉情况统计

<table>
<tr><th rowspan="2">序号</th><th rowspan="2">涵闸名称</th><th rowspan="2">对应灌区</th><th colspan="5">2010 年 10 月 10 日至 2011 年 3 月 2 日</th></tr>
<tr><th>引黄灌溉面积（万亩）</th><th>受益地区</th><th>补源面积（万亩）</th><th>滩区灌溉面积（万亩）</th><th>引黄水量（万 m^3）</th></tr>
<tr><td>一</td><td>郑州局</td><td></td><td>170.09</td><td></td><td>113.055</td><td>0</td><td>29 567</td></tr>
<tr><td>1</td><td>马渡</td><td rowspan="3">花园口灌区</td><td rowspan="3">0.7</td><td>金水区</td><td rowspan="3">2.055</td><td rowspan="3"></td><td>114</td></tr>
<tr><td>2</td><td>花园口</td><td>惠济区</td><td>1 242</td></tr>
<tr><td>3</td><td>东大坝</td><td></td><td>0</td></tr>
<tr><td>4</td><td>杨桥</td><td>杨桥灌区</td><td>18.39</td><td>中牟县</td><td>6</td><td></td><td>2 165</td></tr>
<tr><td>5</td><td>三刘寨</td><td>三刘寨灌区</td><td>15</td><td>中牟县</td><td>3</td><td></td><td>1 987</td></tr>
<tr><td>6</td><td>赵口</td><td>赵口灌区</td><td>136</td><td>开封市、周口市</td><td>102</td><td></td><td>15 495</td></tr>
<tr><td>7</td><td>孤柏嘴</td><td></td><td></td><td></td><td></td><td></td><td>720</td></tr>
<tr><td>8</td><td>邙山</td><td></td><td></td><td></td><td></td><td></td><td>4 870</td></tr>
<tr><td>9</td><td>中法</td><td></td><td></td><td></td><td></td><td></td><td>2 974</td></tr>
<tr><td>二</td><td>新乡局</td><td></td><td>79.469</td><td></td><td>44.646</td><td>9.28</td><td>10 093</td></tr>
<tr><td>10</td><td>韩董庄</td><td rowspan="2">韩董庄灌区</td><td>5.387</td><td>原阳县、延津县、封丘县、长垣县</td><td>0.2</td><td></td><td>379</td></tr>
<tr><td>11</td><td>柳园</td><td>11.38</td><td>原阳县、延津县、封丘县、长垣县</td><td>1.4</td><td></td><td>2 335</td></tr>
<tr><td>12</td><td>祥符朱</td><td>祥符朱灌区</td><td>14</td><td>原阳县、延津县、封丘县、长垣县</td><td>22.5</td><td></td><td>2 590</td></tr>
</table>

续表 4-2

序号	涵闸名称	对应灌区	2010 年 10 月 10 日至 2011 年 3 月 2 日				
			引黄灌溉面积（万亩）	受益地区	补源面积（万亩）	滩区灌溉面积（万亩）	引黄水量（万 m^3）
13	于店	封丘大功灌区	0	封丘、长垣、滑县、内黄县			0
14	红旗	新乡大功灌区、滑县	10.32		11.4		1 471
15	厂门口	辛庄灌区	3.727	封丘县			269
16	堤湾		0				0
17	辛庄		1.541				90
18	禅房	长垣左占灌区	9.28	长垣县	1.96	9.28	809
19	大车	大车灌区	4.242	长垣县	1.5	0	409
20	石头庄	石头庄灌区	19.592	长垣	5.686	0	837
21	杨小寨						615
22	周营						289
三	开封局		169.03		28.18	8	23 246
23	柳园口	柳园口灌区	45	开封县杞县	27.34	8	9 793
24	黑岗口	黑岗口灌区	15.79	当前灌区	0.84	0	4 110
25	三义寨	三义寨灌区	108.24	商丘市、开封市	0	0	9 343
四	焦作局		72.9		7	11.2	13 258
26	张菜园	人民胜利渠	53.95	新乡市、焦作市	7	0	10 762
27	共产主义	武嘉灌区	2.75		0		503
28	老田庵	堤南灌区	11.2	原阳县	0	11.2	365
29	大玉兰						1 228
30	驾部		5				400

续表 4-2

序号	涵闸名称	对应灌区	2010年10月10日至2011年3月2日				
			引黄灌溉面积（万亩）	受益地区	补源面积（万亩）	滩区灌溉面积（万亩）	引黄水量（万 m³）
五	濮阳局		197.37		13	10	20 854
31	渠村	濮清南灌区、滑县	122.35	濮阳县开发区、清丰县、南乐县	13		11 273
32	南小堤	南小堤灌区	15.95	濮阳县			1 712
33	陈屯	濮阳西灌区	2.09	濮阳县			176
34	王称固	王称固灌区	2	濮阳县			221
35	彭楼	彭楼灌区	31.1	范县、山东莘县			5 004
36	邢庙	邢庙灌区	11.9	范县			1 392
37	于庄	于庄灌区	0.86	范县			93
38	刘楼	满庄灌区	0.97	台前县			131
39	王集	王集灌区	3.1	台前县			299
40	影塘	孙口灌区	7.05	台前县			553
六	豫西局		7.8		2.88	0	3 238
41	西霞院	孟津县管理所	7.8	孟津县白鹤镇、会盟镇	2.88	0	2 837
42	新安						69
43	槐扒						153
44	白坡						179
合计			696.66		208.8	38.48	100 256

4.5.2.2　断面流量预警调度

下游干流没有出现预警流量，沁河出现过小流量事件，根据《条例》及《实施细则》的规定,河南黄河河务局加强沁河用水控制,及时督促地方关闭了相关的取水口,保证了武陟入黄断面流量,阻止了断面流量预警事件的发生。

4.5.2.3 水污染应急调度

2010年1月1日黄河支流渭河突发油污染事件,河南黄河河务局按照《黄河水量调度突发事件应急处置规定》的要求,及时启动应急预案,通知沿黄引水口门做好小流量引水准备,并要求加强观测,保证城市用水安全。

4.6 支流调度开展情况

4.6.1 支流实施调度的背景和依据

2006年以前,黄河水量调度工作是依据原国家计委、水利部1998年颁布的《黄河水量调度管理办法》规定,黄河水量统一调度主要是黄河刘家峡水库以下干流河段,支流没有涉及。近年来,随着流域经济的发展,黄河支流水资源开发利用率增加较快,加之缺乏有效管理,导致一些支流相继出现断流,且越来越严重。主要表现为:一是断流的支流数量逐渐增加,出现断流的主要支流,从20世纪80年代汾河、渭河、沁河3条,增加到2000年的10余条。二是断流频度增加,1980年以来汾河、沁河、大黑河连年断流,大汶河、金堤河、渭河有2/3以上年份断流;其中汾河自1972年开始几乎年年断流(2003年除外),2001年断流长达118天。沁河武陟站自1962年开始断流,1965年开始几乎年年断流(2005年除外),1991年断流长达287天。伊洛河龙门镇断面1993年以来频繁出现断流。三是断流长度逐渐增加,如中游的渭河,20世纪80年代陇西—武山河段、甘谷—葫芦河口河段断流,1995年开始,葫芦河口—藉河口河段也出现断流。四是支流断流有逐渐向上游发展的趋势,目前上游的大夏河、清水河等部分支流也面临着断流威胁。黄河支流断流对相关地区经济社会发展造成很大影响,同时,引起入黄水量锐减,加剧了黄河干流水资源供需矛盾。另外,黄河支流水污染加剧也对整个黄河水量调度工作带来重要影响。渭河、沁河两条河流流域内矿区、城镇生活污水、工业企业污水排放不断增加且不能达标排放,河水污染严重,部分河段和区域出现了水质性缺水现象。因此,对黄河重要支流进行水量统一调度已迫在眉睫。

《条例》要求对支流实施水量调度。《条例》规定黄河干、支流的年度和月计划用水建议,由省(区)水行政主管部门向黄委申报,由国务院水行政主管部门批准并下达；重要支流水文断面及其流量控制指标，由黄委同黄河流域有关省（区）人民政府水行政主管部门规定；各省（区）境内黄河支流的水量，分别由各省（区）水行政主管部门负责调度。

4.6.2　支流调度管理目标和模式

4.6.2.1　支流调度管理目标

黄河支流水量调度管理有较好的客观条件。一是有初步完善的法规支撑；二是有黄河干流 8 年来成功的调度实践经验可借鉴；三是地方各级政府和水行政主管部门有不断加强本行政区域水资源管理的要求。

支流水量调度管理也面临诸多困难。一是不少支流水资源供需矛盾的尖锐由来已久，规范用水秩序难度极大；二是多数支流缺乏控制性的调蓄工程，水量调度管理的工程措施薄弱；三是支流用水计量统计不完整；四是水量调度基础研究薄弱，径流预报和河道枯水演进研究基础差；五是流域和区域水行政主管部门水文资料共享不足，水文资料实时性差，部分跨省支流缺乏省界断面；六是支流水污染问题突出，从控制黄河干流的纳污量考虑，目前还应避免一些污染严重的支流小流量污水入黄。

根据有关法规要求，考虑黄河支流水资源及其利用情况，按照突出重点、分类管理的思想，黄委确定了支流水量调度管理的目标，一是加强用水计量统计，有效对各省（区）实施取水许可总量控制；二是对部分较大支流实施用水总量管理，并保障省界和入黄断面的最小流量；三是对黄河较大的跨省支流，实施动态的月计划调度，实行引水总量和断面流量双控制，在调度管理初期，由于水文预报和河道水平衡基础较差，重点以引水总量控制为主。

4.6.2.2　支流调度管理模式

根据黄河支流水资源及其利用概况，先期选择年耗水量大于 1 亿 m^3、平均天然年径流量大于 10 亿 m^3、水资源利用问题比较突出的跨省支流，以及用水比较集中的非跨省支流。

先期选取计划用水和调度管理的支流包括洮河、湟水、清水河、大黑河、渭河、汾河、伊洛河、沁河、大汶河等 9 条。9 条支流中，清水河和大黑河分别是宁夏回族自治区和内蒙古自治区用水比较集中的支流；其他 7 条支流年平均耗水量均大于 1 亿 m^3，年平均天然径流量均大于 10 亿 m^3，其中湟水、渭河、伊洛河、沁河为跨省支流，渭河为黄河第一大支流。9 条支流集水总面积约为 30 万 km^2，占黄河流域面积的 40%；多年平均天然径流量为 262.5 亿 m^3，占全河的49%；9条支流地表水耗水量为63.59亿m^3，占黄河流域支流地表水耗水总量的87%。

9条支流分以下三类调度管理模式。

一类采用用水总量管理。采用此类管理模式的支流包括清水河和大黑河。这两条支流年来水量和用水量都不大，对这两条支流只进行用水总量管理，制订用水计划，定期进行用水统计，核算每年的用水总量。

二类采用用水总量管理和省界及入黄断面最小流量管理。采用此类管理模式的包括洮河、湟水、汾河、伊洛河、大汶河5条支流，其中湟水跨青海和甘肃两省，其他4条支流基本不跨省。对这5条支流实行用水总量管理和省界及入黄断面最小流量管理，一方面核算其每年用水总量，掌握逐月用水过程，另一方面，对省界和入黄断面制定最小流量指标和相应保证率，以达到减缓支流断流、保障入黄水量的目的。

三类采用用水总量管理和实施非汛期逐月水量调度。渭河和沁河采用此类管理模式。这两条支流均为跨省支流，且水资源利用问题突出。渭河是黄河最大的支流，跨甘肃、宁夏、陕西三省（区），沁河跨山西、河南两省。对这两条支流实施非汛期月水量调度，即除进行用水计划管理、保证省（区）界和入黄最小流量外，还实施非汛期月调度，发布月调度方案，确定逐月有关省（区）各河段分水指标和省界、入黄及重要水文断面流量控制指标。

在渭河水量调度中选取北道、雨落坪、杨家坪为省界站，华县为入黄控制站，北洛河近期不纳入调度范围。在沁河水量调度中选取润城为省界站，五龙口为干流控制站，武陟为入黄控制站，丹河近期不纳入调度范围。

4.6.3 支流调度执行情况

4.6.3.1 河南省黄河支流水量调度工作开展情况

2006年以后对黄河9条重要支流进行调度，涉及河南省的重要支流有沁河和伊洛河。从2006年11月起实施统一调度，2010～2011年是第5个调度年度。沁河实行用水总量控制，非汛期月水量调度；选取沁河干流润城至武陟河段，下达沁河的最小流量为控制指标，润城断面为1 m^3/s，五龙口断面为3 m^3/s，武陟断面为1 m^3/s，日平均流量的保证率分别为95%、80%和50%；伊洛河是实行用水总量控制，逐月计划用水管理，尽量减缓断流，并确定了非汛期省（区）界和入黄最小流量控制指标，黑石关为4 m^3/s，日平均流量的保证率为95%，以维持伊洛河基本入黄量，遏制并减缓断流。

1. 伊洛河

2007 年度,河南省控制的伊洛河实际取水量和耗水量较计划减少,2008～2010年度伊洛河用水基本按计划执行。

2007 年 11 月至 2008 年 6 月,河南省控制的伊洛河取水指标为 6.03 亿 m^3,耗水指标为 3.22 亿 m^3;实际取水量为 5.27 亿 m^3,耗水量为水 3.25 亿 m^3,比计划减少 0.21 亿 m^3。

2008 年 11 月至 2009 年 6 月,河南省控制的伊洛河取水指标为 3.88 亿 m^3,耗水指标为 2.10 亿 m^3;由于农田干旱缺水,实际取水量为 4.44 亿 m^3,耗水量为 2.82 亿 m^3。伊洛河用水基本按计划执行。

2009 年 11 月至 2010 年 6 月,由于农田干旱缺水,实际取水量为 5.63 亿 m^3,耗水量为 1.98 亿 m^3。伊洛河用水基本按计划执行。

2010 年 11 月至 2011 年 6 月,伊洛河实际取水量为 6.25 亿 m^3,耗水量为 3.03 亿 m^3。伊洛河用水基本按计划执行。

2. 沁河

2006～2007 年度,沁河小流量出现频率没有超过年度计划控制指标,但 2008～2010 年度,沁河小流量出现频率超过年度计划控制指标,且未达到规定的保证率。

2006 年 11 月至 2007 年 6 月,黄委下达的河南省沁河控制取水指标为 5.97 亿 m^3,耗水指标为 3.51 亿 m^3;河南省沁河实际取水量为 3.43 亿 m^3,耗水量为 2.11 亿 m^3。没有超过黄委分配的水量,圆满完成了调度年度的工作任务。

2007 年 11 月至 2008 年 6 月,黄委下达的河南省沁河控制取水指标为 6.62 亿 m^3,耗水指标为 4.62 亿 m^3;河南省沁河实际取水量为 3.95 亿 m^3,耗水量为 2.53 亿 m^3。没有超过黄委分配的水量,小流量出现频率没有超过年度计划控制指标,圆满完成了调度年度工作任务。

2008 年 11 月至 2009 年 6 月,黄委下达的河南省沁河控制取水指标为 6.87 亿 m^3,耗水指标为 4.83 亿 m^3;河南省沁河实际取水量为 2.51 亿 m^3,耗水量为 1.50 亿 m^3。河南省沁河基本按计划执行。

2009 年 11 月至 2010 年 6 月,2009 年 11 月至 2010 年 6 月分配河南省沁河耗水量为 4.22 亿 m^3。河南省沁河实际取水量为 1.92 亿 m^3,耗水量为 1.31 亿 m^3。河南省沁河基本按计划执行。

2010 年 11 月至 2011 年 6 月,河南省支流沁河取水指标为 4.34 亿 m^3,沁河实际取水量为1.97亿m^3，耗水量为1.28亿m^3。河南省沁河基本按计划执行。

4.6.3.2 黄河水量调度具体措施及效果

为使有限的水资源在促进区域社会经济发展中发挥出最大效益，河南省水利厅确立了“精心调度，实现引蓄汛期洪水最大化；建管结合，实现水的有效利用率最大化；统筹兼顾，实现供水整体效益最大化”的调配水工作方针，不断探索灌区水资源高效利用、优化配置的新途径和新方法。

(1)及时了解天情、旱情、水情，做到科学配水、未雨绸缪。千方百计地掌握信息，了解山西降雨量、上游电站用水状态，掌握库池蓄水情况、农田需水情况，统筹兼顾、科学调度。

(2)实施渠库(池)联调，使汛期洪水资源化。沁河是季节性河流，汛期洪水较大，平时来水较小，充分留住汛期洪水，使之资源化，对破解水资源有效供给不足具有十分重要的作用。通过租赁、借用、代管、合作等方式，将一部分水库、水池纳入直接经营管理范围。抓住时机，精心调度，最大限度引蓄洪水、集蓄雨水，对缓解水资源紧张的局面，增加水资源有效供给总量起到了积极的作用。

(3)严格推行计量收费，促进农业节水增效。为满足工业、农业、发电、养殖和生态等多种需水要求的增长，今年全面推行了严格地按方计量收费，坚决执行“计划用水、定额配水、预交水费、计量结算、一水一清”的管理办法，消灭明口跑水、上灌下排、大水漫灌，通过划小核算单元，完善量水设施，使农民直接感受到节水的好处，用利益机制提升农民节水灌溉意识。灌溉周期较过去缩短了四分之一，亩均用水量下降了30%以上。

(4)在汛期内，灌区一方面要做好防汛工作，另一方面要做好灌溉补水取水。加大渠首闸门调度工作，既要防止洪水进入灌区，更要利用汛期水源相对充沛的这一时段多引水，做到旱则灌，非旱则补。

(5)在灌区内部水量调配方面，一方面，按照内部《灌区用水管理办法》精心组织操作，灵活调度，做到大水大用，小水小用，增加水位观测和闸门启闭频度。另一方面，加大对用水单位水源利用状况的巡查力度，防止跑冒，杜绝昼灌夜排，力争用有限的水资源灌溉更多的田地。

由于山西杜河、山里泉电站发电调峰造成沁河水源忽大忽小，有时甚至断流，给灌区带来很大压力，也造成了一定的水量浪费。总的来讲，调度有一定的效果，还不够满意。

4.7 水量控制执行情况

4.7.1 用水总量控制执行情况

4.7.1.1 黄河干流水量调度执行情况

2007至2009年度，河南省黄河干流耗水量较分配指标减少23.79亿m^3，2010年度，河南省黄河干流耗水量较分配指标增加0.64亿m^3。

2007年7月至2008年6月，河南省黄河干流耗水量为18.52亿m^3，较分配指标减少14.26亿m^3。2008年7月至2009年6月，河南省黄河干流耗水量为24.83亿m^3，较分配指标减少6.02亿m^3。2009年7月至2010年6月，河南省黄河干流耗水量为26.24亿m^3，较分配指标减少3.51亿m^3。2010年7月至2011年6月，河南省黄河干流耗水量为32.46亿m^3，较分配指标增加0.64亿m^3。

4.7.1.2 重要支流水量调度执行情况

(1)伊洛河：2007年度，河南省控制的伊洛河实际取水量和耗水量较计划减少，2008至2010年度伊洛河用水基本按计划执行。

(2)沁河：2006至2007年度，沁河小流量出现频率没有超过年度计划控制指标。

4.7.2 断面下泄流量执行情况

根据《条例》第三十一条和《实施细则》第十六条的规定，黄委对2007至2010年度的黄河水量调度执行情况进行了通告。河南黄河干流省际断面为高村，2007至2011年度高村断面下泄水量统计见表4-3。由表中可以看出，高村断面下泄水量与调度指标比较，2007年11月至2008年6月，高村160.7亿m^3，偏大7%。2008年11月至2009年6月，高村132.7亿m^3，偏大4%。2009年11月至2010年6月，高村139.6亿m^3，偏大7%。2010年11月至2011年6月，高村124.4亿m^3，偏小2%(抗旱调度)。高村断面月均流量达到《实施细则》规定的精度要求。各年度黄河干流未发生水量调度预警事件。

表 4-3　2007 年 7 月至 2011 年 6 月高村断面下泄水量统计表

（单位：亿 m^3）

项目		2007 年 11 月至 2008 年 6 月	2008 年 11 月至 2009 年 6 月	2009 年 11 月至 2010 年 6 月	2010 年 11 月至 2011 年 6 月
11 月	泄流实况	20.06	13.13	16.84	12.42
	调度指标	13.22	11.92	14.52	9.59
	偏差	52%	10%	16%	30%
12 月	泄流实况	14.68	11.59	14.17	10.85
	调度指标	11.78	9.64	13.39	12.05
	偏差	25%	20%	6%	-10%
次年 1 月	泄流实况	12.27	10.77	10.26	8.78
	调度指标	11.25	9.64	10.71	10.71
	偏差	9%	12%	-4%	-18%
次年 2 月	泄流实况	12.45	15.38	8.43	10.3
	调度指标	12.28	8.23	10.64	10.4
	偏差	1%	87%	-21%	-1%
次年 3 月	泄流实况	22.04	17.16	19.98	21.33
	调度指标	22.5	19.02	18.75	19.55
	偏差	-2%	-10%	7%	9%
次年 4 月	泄流实况	21.64	15.83	14.79	16.55
	调度指标	19.96	17.11	14.77	15.38
	偏差	8%	-7%	0%	8%

续表4-3

项目		2007年11月至2008年6月	2008年11月至2009年6月	2009年11月至2010年6月	2010年11月至2011年6月
次年5月	泄流实况	18.29	11.91	17.29	13.17
	调度指标	17.86	11.78	13.12	12.45
	偏差	2%	1%	32%	6%
次年6月	泄流实况	39.27	36.94	37.86	30.96
	调度指标	41.47	40.18	34.73	36.29
	偏差	-5%	-8%	9%	-15%
合计	泄流实况	160.7	132.7	139.6	124.4
	调度指标	150.3	127.5	130.6	126.4
	偏差	7%	4%	7%	-2%

4.8　调度计划(方案)编制及协调协商情况

黄河水量调度实行年度水量调度计划、月旬水量调度方案和实时调度指令相结合的调度方式。最终调度效果将直接体现在调度方案和指令的执行情况上。为此,在黄河水量调度中,确定了计划、调度方案和调度指令的法律地位,对超指标耗水的省(区)或达不到控制指标的断面,及时采取电报、指令性文件等行政命令形式,要求改正、通报批评,采取加倍扣除水量、对相关责任人进行处分等处罚措施。

自《条例》颁布实施5年来,河南黄河河务局按照科学发展观的要求和中央治水方针,在法制的保障下,经过坚持不懈的努力,使黄河水量调度从非汛期调度扩展到全年度调度,实现了在黄河来水偏少情况下的水文断面控制流量精度调度,用水总量不超标,从而使黄河水量调度工作迈上了新的台阶。

4.8.1 用水计划编制管理及执行情况

《条例》规定了黄河水量调度实行年度水量调度计划与月旬水量调度方案和实时调度指令相结合的调度方式。用水计划和方案的优劣是该时段能否圆满完成水量调度工作的关键。为此河南黄河河务局根据水量调度规定的操作程序和步骤制订了用水计划管理控制流程图(见图 4-1 ~ 图 4-3),实施流程化管理。

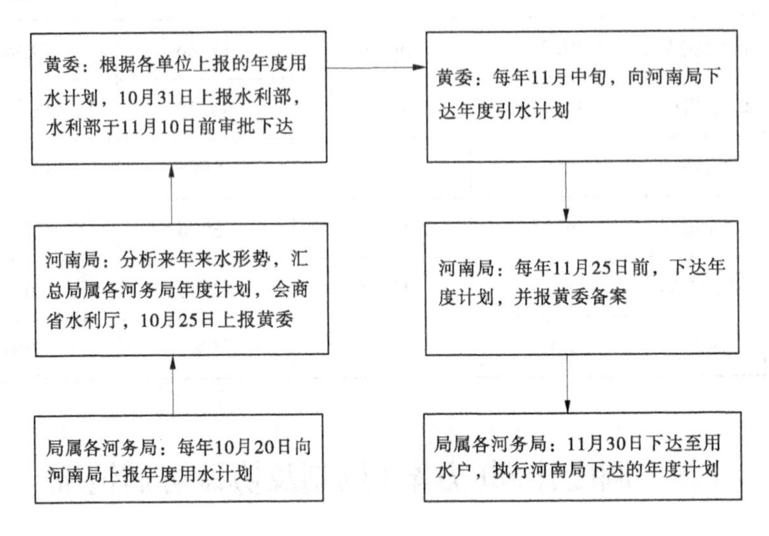

注:图中各单位名称均为简称,余同。

图 4-1　河南引黄用水年计划管理控制流程

河南引黄用水年计划管理控制流程图见图 4-1,河南引黄用水月计划管理控制流程图见图 4-2,河南引黄用水旬计划管理控制流程图见图 4-3。

用水计划管理分为年度水量调度计划和月、旬水量调度方案三项内容,局属各级河务局要按照规定的职责、程序、内容、时限和格式,上报、批复用水计划。在制订月、旬水量调度方案时,要分析和运用雨情、水情、墒情、农情、河情等信息,提高用水计划的准确性。

充分利用雨情、水情、墒情、农情、河情等信息,分析沿黄灌区实际需水能力、引渠实际引水能力、灌区跨区供水能力,科学编制年、月、旬用水计划。在用水高峰期(3 ~ 6 月),充分考虑灌区种植结构、降水、引水渠淤积、灌区渠系的承受能力等因素,编制旬订单。按照规定的职责、程序、内容、时限和格式,上报、批复用水计划,提高了用水计划的准确性。

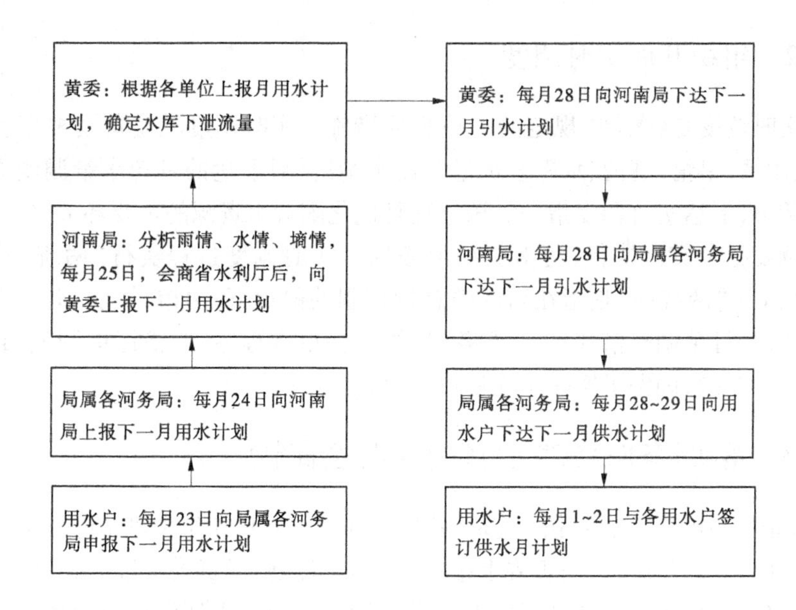

图4-2 河南引黄用水月计划管理控制流程

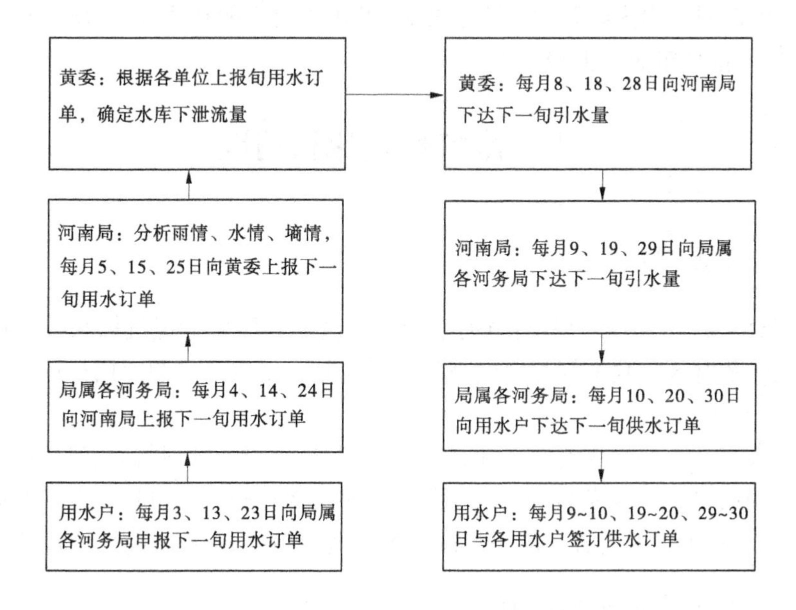

图4-3 河南引黄用水旬计划管理控制流程

4.8.2　组织开展实时调度

实时调度是《条例》规定的一项重要措施。实时调度就是黄委根据实际水情、雨情、旱情、墒情、水库蓄水量及用水情况，对下达的月旬水量调度方案进行调整，下达实时调度指令。该过程是优化配置水资源的重要环节之一，为确保调度指令贯彻执行，河南黄河河务局对实时调度过程实行“两统一”和“三严格”（“两统一”是指在辖区内总量控制的前提下，由市局统一调配引水指标，统一订单调整格式；“三严格”是指严格审批程序，严格订单调整因素，严格审批时限，确保了实时调度畅通无阻）。

4.8.3　落实《条例》，建立与省水利厅会商制度

《条例》颁布实施后，按照《条例》的要求，建立了与省水利厅进行会商的制度，在会商的基础上，向黄委上报年、月用水计划，经黄委批准后，及时下达至各单位，保证了水量调度工作的正常进行。会商时由河南黄河河务局水调处将年度、月、用水计划以内部明电方式经主管副局长签发后传真至河南省水利厅。内部明电内附联系人及联系方式，并函告对方如有建议，在规定日期前复函，以便按规定时间上报黄委。

4.9　监督检查执行情况

4.9.1　监督检查依据

《条例》第二十八条规定：黄河水利委员会及其所属管理机构和县级以上地方人民政府水行政主管部门应当加强对所辖范围内水量调度执行情况的监督检查。

为落实最严格的水资源管理制度，加强黄河水资源管理与调度督查工作，黄委水调局制订了《黄河水资源管理与调度督查办法（试行）》（黄水调〔2010〕50 号文），河南黄河河务局以豫黄水调〔2010〕14 号文进行了转发。

4.9.2　监督检查执行情况

根据《黄河水资源管理与调度督查办法（试行）》，黄河水资源管理与调度

督查从工作方式上可分为网上督查或现场督查两种方式。现场督查可根据需要采用巡回督查或驻守督查。黄河水资源管理与调度督查从工作时机上分为常规督查、用水高峰期督查和突发事件督查三种类型。

4.9.2.1　多措并举,突出重点,确保月旬调度方案及实时调度指令的执行

河南黄河河务局采取多种有效督查措施,充分利用已建涵闸远程监控系统,重点开展水量调度常规督查、用水高峰期督查,严格水调纪律,确保调度指令执行和水资源效益最大化。

一是采取省、市、县河务局和地方水利局、灌区管理单位联合督查的灵活方式进行现场监督检查,确保了水资源管理与水量调度监督管理工作落到实处。

二是进一步加强河南引黄涵闸远程监控系统的管理、维护与应用,充分利用已建成的17座涵闸远程监控系统,密切监视各引黄涵闸的引水状况,实施网上督查。河南黄河河务局认真落实《黄河下游引黄涵闸远程监控系统管理办法》规定,及时开展监控系统巡检、防雷巡检等。及时签订维护合同,为系统正常运行提供保障。2010年9月8~10日,由河南黄河河务局水调处牵头,组织供水、科技、信息中心对全局部分重点以及有历史遗留问题的9座涵闸远程监控系统进行了全面的督查,并提交了督查报告,进一步提高了引黄涵闸远程监控系统运行的正常率,保证了网上督查的可靠性。

三是加大春灌前河南引黄工程引渠清淤的开挖督查力度,保障月旬调度方案的执行。2010年年初,河南黄河河务局及早调查沿黄灌区农作物种植结构和面积、引黄取水口及引渠淤积情况,制订《河南黄河引黄工程防淤减淤实施方案》,并及时督促、检查和指导沿黄灌区对引黄工程进行开挖清淤,提高引黄工程引水能力,为确保沿黄按计划引水奠定了基础。

四是加大对用水高峰期(2~6月)重点取水口和非农业取水口用水的督查力度。2月中旬,河南省沿黄灌区春灌陆续开始,迎来了第一个引水高峰期。河南黄河河务局水调处、供水局组织对张菜园、红旗、三义寨、柳园口、黑岗口、渠村、赵口等重点取水口门引水情况进行了现场督查,重点督查了计划用水与实际用水、月旬调度方案、实时调度指令执行情况以及水量调度责任制落实情况等,各取水口门均无违规引水情况。对个别引水情况不能满足需求的取水口门,督查组会同当地河务部门和灌区管理单位,研究制订高强度的清淤方案,千方百计提高引水能力。针对通过三义寨闸向商丘跨区供水事宜,督查组强调要进一步加强调研,摸清工、农业引水口门,细致测流、精确计量,坚

决杜绝非农业用水计量不实的情况。

五是加大调水调沙拉沙冲淤期间的巡查力度，严禁发生任何违规现象，确保上级水调指令的严格执行。河南黄河河务局成立了省、市、县三级督查组织，多次对全局引水口门进行督查。主要督查内容为：各项实时调度指令执行情况；测流测沙设备、方法及计算等；《河南黄河引水计量管理办法》执行情况；水量调度技术参数收集实测情况。并对各单位值班人员进行了随机抽查，被查人员均能坚守岗位、尽职尽责。调水调沙期间确保了水调指令的畅通和水调工作的顺利进行，实现了总引水计划和日引水订单控制在 ±5% 的范围内。调水调沙期间河南沿黄 30 多座引水口门全部开启，全力支持沿黄灌区插稻及灌溉用水。

4.9.2.2 制定《河南黄河取水许可监督管理办法》，建立取水许可监督管理长效机制

为应对我国严峻的水资源形势，解决我国复杂的水资源问题，水利部在 2009 年全国水资源工作会议和 2010 年全国厅局长会议上，提出要在我国推行最严格的水资源管理制度。河南黄河河务局根据上级要求，在认真学习"一法两条例"过程中根据河南实际，依法编制完成了《行政处罚裁量权》，并组织水资源管理和水量调度业务骨干在职工学校学习《行政处罚裁量权》，2010 年省局又制定了《河南黄河取水许可监督管理办法(试行)》，从监督管理的方式、总量控制、巡查制度、取水许可办理、引水的计划统计、审批、测流方式及奖惩等方面进行规范，依法维护取水许可监督管理机关、取用水单位及个人的合法权益，促进黄河水资源的节约与合理开发利用，从而形成河南黄河取水许可监督管理长效机制。

4.9.2.3 全面、系统和深入地开展河南黄(沁)河取水许可事项巡查

按照《取水许可和水资源费征收管理条例》《黄河取水许可管理实施细则》和《河南黄河取水许可监督管理办法》的有关规定，河南黄河河务局开展了全面、系统和深入的巡查工作，依法维护了取水许可监督管理机关的合法权益。

河南黄河河务局于 2010 年 9 月 1 日下发《关于对黄(沁)河取水许可事项进行巡查的通知》(豫黄水调〔2010〕18 号)，安排部署取水许可事项进行巡查工作，要求局属各河务局对辖区内取水许可事项进行全面、系统和深入的巡查工作，及时依法查处违规取水行为，上报巡查报告。

局属各河务局接到省局通知后，高度重视此项工作，成立了以主管局长为

组长,水政水资源科、防汛办公室、供水分局等部门为成员的专项巡查组,召开专题会议,组织有关人员学习相关规定和文件,精心部署、明确职责。从9月6日至28日对辖区内取水项目的有关计划用水和总量控制情况、取水月报年报统计上报情况、退水水质情况、计量设施与节水设施的安装及使用情况、无证取水、越权发证、擅自变更取水标的和取水用途的情况、新建取水项目计量设施、节水设施建设和污水处理措施落实情况等进行了深入细致和全面的巡查。

经现场巡查,已办理取水许可证的各取水口都能按照取水许可监督管理规定的要求取水,严格执行了水量调度指令,按照年度用水计划及《河南省黄河取水许可总量控制指标细化方案》取水,实现了取水总量不超标;各取水口都配备了完好的计量设施,确保了引水计量准确有效;各取水口原始记录完整齐全;非农业取水口按照"两水分离、两费分计"要求均安装了自动计量设施。以上各项保证了河南黄河取水的正常秩序,维护了河南黄河河务局辖区内良好的取水许可水事秩序及取水单位和个人的合法权益。

4.9.3　远程监控

作为"数字黄河"工程的重要组成部分,河南引黄涵闸远程监控系统(以下可简称"系统")是实施水量调度和确保黄河不断流的重要手段和保障措施。自2002年开始,历时3年建设,河南建成了17座系统,经过运行检验和不断完善,系统实现了引黄涵闸远程监控、监测和监视。根据《"数字黄河"工程建设管理办法》等有关规定,制定《黄河下游引黄涵闸远程监控系统管理办法》,保证了系统安全、高效、稳定地运行。系统投入运行应用,对维持黄河健康生命发挥了重要作用,增强了防断流的应急反应能力,强化了水量调度的工程手段,促进了计划用水,提高了水量调度的监督管理科技水平。

4.9.3.1　明确管理职责

为了加强涵闸远程监控系统的运行维护管理和应用,保证各分中心、涵闸现地站、通信网络的正常运行,河南黄河河务局明确了各级河务局水调、科技、供水、信息中心等部门的职责,确定了责任领导和责任人,使系统有人管,有人抓,以便及时解决系统管理中出现的问题。

河南黄河涵闸远程监控系统责任领导负责全局涵闸远程监控系统的领导工作。责任部门水调处行使对系统的行政监督管理职能。供水局负责涵闸远程监控系统现地站的维修养护及运行管理,确保典型涵闸现地站正常运行。科技处负责系统网络、服务器维护管理和技术支持工作,确保中心站正常运行。信息中心负责履行全局远程监控系统日常运行的网络通信工作职责,确保典型涵闸现地站及分中心网络畅通。

局属各河务局按照河南黄河河务局要求,明确相应责任领导和责任人,以及各自的工作职责。

4.9.3.2　制定管理办法,规范管理行为

为了规范河南涵闸远程监控系统管理,提高系统分中心、涵闸现地站和通信网络系统的正常运行率。河南黄河河务局依据《黄河下游引黄涵闸远程监控系统管理办法(试行)》等有关规定,制定了《河南涵闸远程监控系统管理目标考核标准》《河南引黄水闸远程监控系统现地站管理办法(试行)》《河南引黄水闸远程监控系统现地站管理维护制度》《河南黄河引黄涵闸远程监控系统现地站防雷方案》。同时依据黄委《"数字黄河"工程建设管理办法》的有关规定,制定了《河南黄河引黄涵闸远程监控通信与计算机网络系统运行维护管理办法》,明确了涵闸远程监控通信与网络系统的行业管理部门和责任单位,数据库服务器和视频服务器列入各级网管中心运行管理,并做好日常维护工作,防止服务器出现宕机而无法正常使用的情况。

4.9.3.3　建立和完善3个机制

1. 投入保障机制

按照黄委《黄河下游引黄涵闸远程监控系统管理办法(试行)》等有关规定,河南黄河河务局明确涵闸现地站系统维护经费,每年从水费中拿出一定的资金,作为涵闸现地站系统维护资金,按照每个闸5万元的要求配置,每年确定2个维护单位,负责全局涵闸现地站维护,与维护公司签订技术维护合同,确保维修养护资金及时足额到位,确保现地站系统正常运行。

2. 维修养护机制

为了保证系统正常运行,减少故障率,出现问题及时维护,河南黄河河务局采取常规维护和专项维护相结合的方式。常规维护由有关技术公司负责,每年与其签订技术维护合同书,实行合同维护。

河南黄河河务局在常规维护的同时还进行了两项专项维修养护工作。维护涉及全部涵闸现地站,共计投入资金10万余元。一是在调研结果基础上,制订维护专项计划,对河南黄河河务局所辖17座现地站进行排查、维修、集中

换件；二是对各现地站闸前闸后工程面貌进行摸排，针对部分现地站渠道变化导致超声波水位计失去作用的情况，制订整修方案，采取重新立杆、重新安装吊臂以及渠道清淤等措施，使超声波水位计量设施能够正常运用。

3. 奖励激励机制

根据黄委《关于将黄河下游引黄涵闸远程监控系统运行管理和黄河水利公安派出所建设纳入2009年度目标考核的通知》和《关于2009年涵闸远程监控系统管理目标考核标准的通知》，为进一步加强河南黄河引黄涵闸远程监控系统管理和考核工作，河南黄河河务局制定"河南黄河涵闸监控系统管理目标考核标准"。就系统职责划分、管理制度与措施考核、运行维护考核三方面做出规定，明确考核频次、考核指标、扣加分标准。同时将系统考评分数列为年目标管理评分依据，规定正常率达到85%以上不扣分，90%以上加分。

4.9.3.4　加强监督管理

（1）为进一步提高系统运行正常率，河南黄河河务局开展了涵闸监控系统专项检查，该项检查由水调处牵头，科技处、供水局、信息中心、瑞达公司、天诚公司参加组织联合检查组。本次主要检查涵闸现地站系统的运行管理及维修养护情况，检查对象为重点涵闸以及有历史遗留问题的涵闸远程监控系统，涉及焦作、新乡、濮阳、开封、郑州5个市局，9个涵闸现地站系统，具体有郑州三刘寨闸，焦作张菜园闸，开封黑岗口、三义寨闸，新乡红旗、辛庄闸，濮阳渠村、南小堤、邢庙闸。联合检查组强调，各单位、各部门要提高认识、高度重视远程监控系统工作，多部门通力协作，确保远程监控系统正常运行，并针对现地站管理、通信网络、部分涵闸遗留存在问题，督促相关部门，及时解决，确保远程监控系统正常率进一步提高。

（2）积极主动配合黄委进行系统考评，并将考评定期化、常规化。要求各有关单位通力合作，及时解决出现的问题，提高系统运行正常率。随时待命，做好系统演示工作，确保演示任务顺利完成。目前，红旗、南小堤现地站正常率100%，通过综合管理，河南黄河河务局涵闸监控系统运行趋于稳定，并多次承担国家、省级领导参观的演示任务，圆满完成了涵闸监控系统演示，为黄委争得了荣誉，并多次获得黄委肯定和表彰。

（3）落实《黄河下游引黄涵闸远程监控系统管理办法》规定，及时组织对监控系统进行巡检。河南黄河河务局委托专业维护公司（天诚公司、瑞达公司）重点对涵闸监控系统运行维护管理制度，专业维护、定期巡查和运行日志等制定落实情况进行了专项自查。将存在问题做了说明，上报监控系统巡检报告，恳请黄委在黄河水量调度管理系统（二期）建设中，协调集中解决。

4.9.3.5　及时上传下达信息

（1）及时通报巡检维护情况。河南黄河河务局组织对各涵闸远程监控现地站进行系统巡检，并将部分故障严重的设备拆除进行维修，共涉及张菜园、于庄、刘楼、影堂、黑岗口、石头庄、禅房等7座涵闸。由于拆除设备故障复杂，需较长诊断和维修时限，有些须返回原厂进行维修，维修时间将超出《黄河下游引黄涵闸远程监控系统管理办法》规定的3天故障修复时限。为此，河南黄河河务局以电报申请延长设备维修时限。

（2）要求各有关单位，在系统出现故障时，必须做好记录，积极主动解决问题，对故障较突出、短期内无法解决的、需要上级协调的问题，要及时报告相关责任部门，同时通知维护单位现场维修。

4.9.3.6　定期培训

近几年，各级管理人员有较大变动，尤其是现地站多数人员从未参加过与远程监控相关的专业技能培训，新进人员仅依靠老员工教授技能，而且有较多基层管理人员文化水平较低，整体管理力量薄弱。

针对上述现状，河南黄河河务局积极参加黄委涵闸监控系统培训，参加培训3批次，培训人员大部分是基础一线业务骨干，大大提高了从业人员的技术及管理水平。与此同时，河南黄河河务局还多次安排了现地站管理人员参加的涵闸运行工培训。通过培训，维修养护严重依赖养护公司的状况有所缓解，在日常管理中，小问题自己解决，大问题可以协助维修养护公司工作，提高了系统整体管理能力。

4.9.4　水量调度执行情况公告

根据《条例》第三十一条和《实施细则》第十六条之规定，黄委分别以黄水调〔2008〕34文《关于2007—2008年度黄河水量调度执行情况的通告》、黄委黄水调〔2009〕47文《关于2008—2009年度黄河水量调度执行情况的通告》、黄委黄水调〔2010〕58文《关于2009—2010年度黄河水量调度执行情况的通告》、黄委黄水调〔2011〕37文《关于2010—2011年度黄河水量调度执行情况的通告》对2007—2008年度、2008—2009年度、2009—2010年度的黄河水量调度执行情况进行了通告。

4.10　汛期及调水调沙期间水量调度执行情况

4.10.1　汛期水量调度执行情况

国务院《黄河水量调度条例》颁布前，黄河上水量调度期为每年 11 月 1 日到次年 6 月 30 日，《黄河水量调度条例》颁布后，黄河上水量调度期为每年 7 月 1 日到次年 6 月 30 日，调度期扩展到全年。开展汛期水量调度，树立了汛期水量统一调度的意识，实行了全年调度，为实现总量控制目标奠定了基础。

汛期根据用水户用水需求，编制月用水计划，上报黄委审核后，批复河南黄河河务局执行，河南黄河河务局给用水户下达用水计划。2007～2011 年汛期河南黄河引水 3.97 亿 m^3，较批复计划减少 1.71 亿 m^3，详见表 4-4。

由表 4-4 可以看出，实际引水量基本呈历年递增趋势，一般均不超过黄委批复指标。

4.10.2　调水调沙期间水量调度执行情况

自 2002 年首次实行调水调沙开始，至 2011 年 7 月，黄河已总共进行了 13 次调水调沙。《条例》第十条规定：黄河水量调度年度为当年 7 月 1 日至次年 6 月 30 日。

每年汛前黄河调水调沙于 6 月 19 日左右正式开始，至 7 月 12 日左右结束。为做好黄河调水调沙期间的引水控制工作，河南黄河河务局在上级的正确领导下，提前做好引水控制准备工作，及时掌握旱情、墒情、农气、水雨情和用水需求，做好引水订单申报、下达与调整工作，认真执行调度指令，科学调度，确保调水调沙顺利进行。

表 4-4　2007 ~ 2011 年汛期河南黄河引水统计

年份	河南局上报计划用水(万 m³)					黄委批复计划用水(万 m³)					实际引水量(万 m³)	实际 - 批复引水量(万 m³)	备注
	7 月	8 月	9 月	10 月	小计	7 月	8 月	9 月	10 月	小计			
2006 年汛期	32 222	23 387	20 420	12 406	88 435	32 222	23 387	20 420	12 406	88 435	44 505	-43 930	
2007 年汛期	40 146	23 602	16 077	9 294	89 119	28 600	23 602	16 077	9 294	77 573	42 615	-34 958	
2008 年汛期	35 045	20 786	22 117	15 767	93 715	35 045	20 786	22 117	15 767	93 715	54 795	-38 920	
2009 年汛期	42 697	29 405	27 256	16 242	115 600	30 100	29 405	27 256	10 000	96 761	70 751	-26 010	
2010 年汛期	47 750	30 696	23 651	13 570	115 667	34 953	26 854	23 651	13 570	99 028	84 710	-14 318	
2011 年汛期	44 584	34 809	25 994	15 961	121 348	35 523	34 809	25 994	15 961	112 287	99 165	-13 122	统计至 10 月 31 日
合计	242 444	162 685	135 515	83 240	623 884	196 443	158 843	135 515	76 998	567 799	396 541	-171 258	

4.10.2.1　调水调沙引水控制准备

1. 成立引水控制组织，严明引水纪律

为确保调水调沙顺利进行，河南黄河河务局成立了调水调沙水调组，负责分析下游引水需求，提出引水计划，监督检查和控制各引黄涵闸及滩区引水，统计和汇总引水引沙情况等。在明确目标的同时，要求认真履行水调职责，强调水调指令的严肃性及执行流程，保证调水调沙达到预期效果，

2. 提前通报调水调沙调度过程，指导引水计划申报

印发明电要求做好调水调沙期间的引水管理工作，通报调水调沙调度过程。要求各单位依据调水调沙调度过程和灌区用水需求，结合涵闸引水能力制订用水计划，避免引水忽大忽小对调水调沙的影响。同时，在调水调沙前，统计当年水稻等主要农作物种植面积，分析引黄工程引水能力和近3年引水情况，为制订引水计划提供参考。

3. 精心部署"防淤减淤"工作，提高引水保证率

每年抗旱期间，河南省沿黄各级政府及河南黄河河务局对引黄工程的开挖清淤工作投入了大量的人力和物力，引渠引水能力得到了的恢复。各级市、县河务局按照《河南引黄工程"防淤减淤"实施方案》，加强前期引黄涵闸闸前、引水口和引渠冲淤变化的观测，为调水调沙后期防淤减淤工作提供依据。

4. 制订应急分水预案，配合调水调沙安全运行

印发明电要求做好调水调沙期间的引水管理工作，要求各单位制订应急分水预案，确定应急分水流量、分水量及应急处置措施，为应急分水提前部署。

5. 加强引渠巡查排查，确保供水安全

调水调沙期间正值河南省用水高峰期，引水流量大、持续时间长，为防止供水渠道决口，保证调水调沙期间供水安全，下发明电要求做好调水调沙后期引黄工程拉沙冲淤，要求各单位加强与灌区管理单位沟通，通知引黄灌区对辖区内引黄渠道进行巡查，排除引渠存在的隐患，防止大流量引水崩渠的现象发生。

4.10.2.2　调水调沙期间用水需求

在调水调沙期间，正值河南省用水高峰期，2006～2011年调水调沙期间，河南黄河河务局共申报引水量22.49亿m^3，黄委下达引水量22.49亿m^3，实际引水量23.12亿m^3，河南黄河河务局实际引水总量与计划引水总量误差为

2.8%，控制在 ±5% 允许范围内，如表 4-5 所示。

表 4-5　2006～2011 年河南黄河调水调沙期间用水统计（单位：万 m³）

项目	2006 年	2007 年	2008 年	2009 年	2010 年	2011 年	合计
实况	30 490	23 224	27 682	44 122	46 969	58 696	231 183
计划	32 923	25 541	27 266	35 154	43 650	60 362	224 896
偏差	-7.39%	-9.07%	1.53%	25.51%	7.60%	-2.76%	2.80%

注：1. 2009 年调水调沙后期 7 月 3 日至 6 日没有下达引水计划，而引水正常进行；

2. 每年调水调沙结束日期不一致，但时间基本在 20 天左右。

4.10.2.3　实时调度，强化订单管理

调水调沙期间，河南黄河河务局按照订单供水管理若干规定，严把引水订单的每一个环节，强调引水订单申报、批复、退单、调整等操作规范，实现引水流量平均误差小于 ±5%。

1. 及时上传下达引水计划，确保水调指令执行

各级水调组按照要求，严格执行领导带班及 24 小时值班制度，及时处理各种水调指令，滚动分析上报、下达 5 日引水订单，上报引水引沙统计表。

2. 报准 5 日滚动订单，提高用水计划准确性

为了保证调水调沙达到预期效果，黄委不压减引水指标，但对引水计划的准确性提出了更高的要求。河南黄河河务局用水控制组充分考虑降雨量、含沙量、灌区种植结构、灌区渠系的承受能力、河势变化及引水渠淤积等因素，结合涵闸引水能力，认真核实灌区用水计划，实时滚动上报未来 5 日用水计划，确保用水计划的准确性和严肃性，要求各单位达到用水计划与实际引水误差不超过 ±5% 的要求。

3. 利用农气信息，强化实时调度

每年调水调沙开始后，河南黄河河务局都会加强实时调度，一是利用雨情、水情、墒情、农情等农气信息，结合实际用水情况，强化实时调度，每天滚动申报、下达 5 日引水订单，加强引水实测情况统计、汇总；二是发布水调动态和雨水情信息，对各种问题进行预估并提出有效对策；三是及时报送每日雨情、墒情、用水分析；四是及时编发河南黄河水调快报，其内容涉及雨水情、实测墒

情、墒情预报、天气预报、水调动态等，对各市河务局的用水申报、实时调度进行指导。

4.10.2.4　水沙测验及监督检查

1. 引水测验

为了提高调水调沙引水计量的准确性，依据《河南黄河引水计量管理办法》，明确职责单位和人员，确定测验方法和时间，为调水调沙引水计量提供保障。引水计量实行“三制”，即岗位责任制、持证上岗制、测流测沙签名制。按照引水计量技术规范，对引水涵闸实行每日08:00、14:00两次实测，每天实测一次含沙量，统计、分析各种引水数据近万个。

2. 靠前督查，确保调水调沙顺利进行

为确保调水调沙水调指令的贯彻执行，严格控制引水。河南黄河河务局成立省、市、县三级督查组织，多次对全局引水口门进行督查。督查范围涵盖焦作、新乡、濮阳、郑州、开封、洛阳6市河务局，主要督查：各项实时调度指令执行情况；测流测沙设备、方法、计算及《河南黄河引水计量管理办法》执行情况；水量调度技术参数收集实测情况。河南黄河河务局对各单位值班情况和督查人员进行了随机抽查，被查人员均能坚守岗位，尽职尽责。

4.10.2.5　科学调度，满足用水需求

1. 科学制订的方案，创造了有力的引水条件

调水调沙期间，正是河南沿黄灌区118万亩水稻种植的关键时期。为保障河南沿黄灌区插稻及秋季作物灌溉用水需求，黄委在制订调水调沙调度方案时，对黄河下游沿黄灌溉引水给予了充分考虑。一是科学制订调水调沙调度方案，在安排调水调沙调度各时段流量过程时，满足了河南黄河河务局上报的调水调沙期间计划引水量；二是本次调水调沙流量大、持续时间长，为满足河南省用水创造了有力的条件。

2. 多措并举，迎引黄用水高峰

河南黄河河务局充分利用有利条件，采取多项措施，保证引黄灌区引水。一是抓住黄河流量大、水位高的有利时机，科学调度黄河水资源，全力保障秋季作物灌溉用水；二是加强实时调度，密切掌握沿黄灌区雨情、墒情、农情，每天修正上报5日滚动订单；三是依据调水调沙调度过程，结合灌区用水需求和引水能力，科学制订用水计划；四是实行24小时水调值班制度，加强引黄用水实时调度，根据灌区用水需求，及时调整沿黄灌区用水指标，确保引水误差控

制在 ±5% 以内；五是适时向灌区通报大河流量、含沙量等有关信息，配合灌区管理单位做好引黄用水相关工作。

3. 引水引沙

调水调沙期间河南沿黄 30 多座引水口门全部开启，全力支持沿黄灌区插稻及灌溉用水。2006 ~ 2011 年调水调沙期间共引水 23.12 亿 m^3，引沙 1 504.6万 t，见表4-6。2011 年调水调沙期间总引水量创黄河统一调度和调水调沙以来同期新高。

表 4-6　河南黄河调水调沙期间引沙统计表

项目	2006 年	2007 年	2008 年	2009 年	2010 年	2011 年	合计
引水(万 m^3)	30 490	23 224	27 682	44 122	46 969	58 696	231 183
引沙(万 t)	169.01	98.71	260.43	169.27	444.23	362.96	1 504.6

4.10.2.6　防淤减淤对策及效果

黄委给予河南黄河河务局拉沙冲淤的大力支持，调水调沙后期安排小浪底下泄 1 200 ~ 1 800 m^3/s 流量过程，为引水口门及引渠冲淤创造了有利条件，同时在调水调沙后期，及时通报水库运用调度情况，有力地支持了河南黄河河务局拉沙冲淤。河南黄河河务局领导对“拉沙冲淤”给予了高度重视，在“拉沙冲淤”期间，水调处组织市、县局及灌区工作人员深入拉沙冲淤口门，现场指导和查看拉沙冲淤效果。

由于准备充足、措施得当，通过对典型涵闸拉沙冲淤实测数据的分析，表明拉沙冲淤效果良好，减少了泥沙的淤积量，拉深了引渠，改善了涵闸引水条件，得到了当地政府和老百姓的充分肯定。

以 2008 年“拉沙冲淤”为例，祥符朱闸 7 月 3 日 6 时 27 分花园口流量 2 460 m^3/s时开闸拉沙冲淤，引水流量为 20 m^3/s，7 月 5 日 4 时拉沙冲淤结束。在大河主流南移 600 余 m 的情况下，及时通过拉沙冲淤使该闸避免了脱河。拉沙冲淤前、后渠底高程分别是 82.5 m 和 82.1 m，降低了 0.4 m，拉沙冲淤前、后引渠淤积量分别为 10.73 万 m^3和 6.63 万 m^3，减少了 4.09 万 m^3。红旗闸 7 月 3 日 12 时开始拉沙冲淤，历时 96 小时，拉沙冲淤结束时该闸已处于正常过流状态，拉沙冲淤前、后渠底高程降低了 0.7 m。张菜园闸 7 月 3 日 16 时开始拉沙，拉沙前、后引渠高程分别为 93.1 m 和 92.38 m，引渠终端拉沙冲淤深度平均降低0.72 m。柳园口闸7月3日夜晚11时开始拉沙，同时，水利局组织50余名农民到引水口门采取人工扰沙的办法，提高引渠过流能力，一条"新貌引渠"得到很好的保护，此举受到开封市政府、开封县政府的高度赞扬。

通过各市、县河务局及灌区单位的共同努力，圆满完成了防淤减淤的工作任务。

4.11　生态调度开展情况

河南黄河河务局生态调度开展仅涉及滩区湿地自然保护区供水及高村省际断面流量控制。

为保护黄河所特有的湿地类型，国家和地方在黄河下游建立了多个湿地自然保护区、河南黄河滩区内主要有河南黄河湿地国家级自然保护区、洛阳黄河湿地自然保护区、河南濮阳县黄河湿地自然保护区、郑州黄河湿地保护区、河南新乡黄河湿地鸟类国家级自然保护区、河南荥阳黄河湿地保护区、河南孟津黄河湿地水禽自然保护区。

通过黄河水量统一调度，黄河已从低水平的不断流，转变为了功能性不断流，基本满足了滩区内的湿地保护区的用水。

《条例》从施行至今，通过水量调度，保证了高村省际断面流量从未出现预警流量状况，从而保证了山东黄河的生态用水需求。

4.12　省(区)水量分配指标细化工作开展情况

按照《黄河水利委员会关于开展黄河取水许可总量控制指标细化工作的通知》(黄水调〔2006〕19号)要求，2009年6月27日，河南省人民政府以豫政〔2009〕46号《河南省人民政府关于批转河南省黄河取水许可总量控制指标细化方案的通知》对"八七分水"方案进行了细化，将分水指标细化到各个市。

4.12.1　总量控制指标

国家分配给河南省耗水指标55.4亿m^3，其中黄河干流35.67亿m^3，黄河支流19.73亿m^3。

4.12.2 耗水指标与取水许可指标

河南省引黄工程向外流域供水的，耗水指标与取水许可指标相同；向流域内供水的，考虑到25%的水量返回黄河河道，取水许可指标的75%为耗水指标。

4.12.3 黄河干流细化指标

黄河干流细化指标见表4-7。

表4-7 黄河干流细化指标

序号	城市	取水许可指标（亿 m^3）	耗水指标（亿 m^3）	备注
1	郑州市	4.2	3.9	
2	开封市	5.5	5.5	
3	洛阳市	3.41	2.55	
4	安阳市	1.15	0.95	
5	新乡市	10.37	8.9	
6	焦作市	2.35	1.76	
7	濮阳市	8.42	6.78	
8	许昌市	0.5	0.5	
9	三门峡市	1.4	1.05	
10	商丘市	2.8	2.8	
11	周口市	0.45	0.45	
12	济源市	0.7	0.53	

4.12.4 黄河支流细化指标

黄河支流细化指标见表 4-8。

表 4-8　黄河支流细化指标

序号	城市	取水许可指标（亿 m^3）	耗水指标（亿 m^3）	备注
一	伊洛河	18.7	14.87	
1	郑州市	2.4	2.4	
2	洛阳市	13.3	9.97	
3	平顶山	1	1	
4	三门峡市	2	1.5	
二	沁河	5.13	3.86	
4	焦作市	2.33	1.76	
5	济源市	2.8	2.1	
三	金堤河（天然文岩渠）	1.15	1	
6	安阳市	0.2	0.2	
7	新乡市	0.45	0.4	
8	濮阳市	0.5	0.4	

第5章 《条例》实施效果评估

5.1 法律效果评估

5.1.1 《条例》为水量调度提供了法律保障和手段

2002年,《中华人民共和国水法》的颁布实施,明确了流域机构——黄河水利委员会及下属河南、山东黄河河务局实施黄河水量调度的法律地位,对流域机构依法行使职能提供了法律保障,此时,黄委分配年度黄河水量和实施干流水量调度主要依据1987年国务院批准的《黄河可供水量分配方案》和1997年国家计委、水利部联合颁布实施的《黄河可供水量年度分配及干流水量调度方案》和《黄河水量调度管理办法》,实际操作主要依靠行政手段协调各方关系,因缺乏与《水法》相配套的、可操作的法律规定,这就使得流域水量调度指令不能对地方行政单位形成较强的约束作用。

2006年,《条例》由国务院颁布实施,该条例明确规定了黄河水量调度的原则、流域机构和地方政府水行政主管部门的职责权限、水量分配方式、监督检查、罚则等方面内容。2007年,水利部又颁布实施了《实施细则(试行)》,完善了黄河水量调度的法律法规,为水量调度顺利实施提供了强有力的法律保障。《条例》明确规定了黄河水量分配方案的法律地位,确保了分水方案的有效实施;《条例》首次明确地提出了实施应急调度的原则,为黄河水量应急调度提供了法律依据;此外,《条例》明确了水量调度监督检查组织机构及监督管理方式手段,使得监督检查和责任追究有了法律依据。

为加强水量调度制度建设,实现水量调度标准化、制度化、科学化,流域各级水资源管理部门——河南黄河河务局及各市、县级河务局和地方政府各级水行政主管部门根据工作需要制定了大量规章制度,规范了水调行为,确保了调度计划和指令的贯彻执行。河南黄河河务局作为黄委的二级机构,负责河南辖区内黄河水资源管理和水量统一调度工作,根据《条例》规定的机构职能和管理权限,出台了《河南黄河水量调度工作责任制(试行)》《河南黄河水量调度应急处置规定》等一系列配套规定。以《黄河水量调度条例》的颁布及其配套管理办法的出台为标志，黄河水量调度步入了依法调度的新阶段。一方面，使黄河水量调度的法律手段更加健全，依法调水的力度进一步增强；另一方面，也从国家法规层面对黄河水量调度工作提出了更高的强制性要求。

5.1.2 《条例》提高了水量调度的行政执行力度

《条例》规定的实行地方政府行政首长责任制和黄委及其所属管理机构以及水库主管部门或者单位主要领导责任制是落实黄河水量调度的一项重要行政管理措施，是以省（区）际断面流量控制为主要内容，而省际控制断面起到了控制省（区）用水的目的，对黄河水量调度管理目标的实现有重要作用。对河南黄河而言，《条例》实施前，高村断面实测下泄流量基本未超过控制指标，但两者相差较大，其中2003～2004年差值最大，达293 m^3/s；《条例》实施以后，实测平均流量与调度控制流量差值明显收窄，实现了下泄断面流量的合理控制，在保证断面调度控制流量的同时，尽可能使宝贵的水资源得到充分合理的利用。

《条例》及其实施细则将黄河水量调度责任制上升为法律制度固定下来，大大提高了水量调度的行政执行力度，自《条例》颁布实施以来，已由水利部连续5年在媒体上公告了黄河水量调度责任人和有关省（区、市）水利厅（局）主管领导名单。河南黄河河务局每年向黄委上报本单位水调管理负责人，并向下公布下属各河务局及各闸管理单位负责人名单。通过行政责任制度的实施，《条例》生效之日至今，黄河水量调度计划、调度方案和调度指令得以强力执行，未出现调度指令不执行或执行力度不够等问题，从而保证各地区用水严格按分配方案执行，杜绝了超额引水，较好地维护了用水各方的权益。

5.2 管理效果评估

5.2.1 明确了管理体制和调度管理模式

黄河水量调度涉及多个单位和职能部门，包括水利、电力调度、湿地与环境保护主管部门，关系协调和利益分配十分复杂，过去水资源管理主要以行政区域和部门分割管理的模式。《条例》的制定针对过去分割管理模式的弊端，促进了流域水资源管理与调度体制的理顺，建立了一套新的管理模式，即“国家统一分配水量，流域机构组织实施，省（区）负责用水配水，耗水总量和断面流量双控制，重要取水口和骨干水库统一调度”。这一调度管理模式，体现了我国水资源国家所有这一基本制度，并在调度管理层面实践了流域管理与行政区域管理相结合的管理体制，解决了这一体制下调度管理的事权划分，明确了调度管理的主要措施。

《条例》确立了河南黄河河务局的调度管理权限和职责，为贯彻《条例》各项规定，河南黄河水量调度管理建立了规范的管理体制和调度管理模式，首先，注重协调协商机制建设，建立了具有广泛参与基础的水量调度协调协商机制，并形成制度，每年固定召开年度黄河水量调度工作会，有时还会根据需要召开临时性的协商会议，制订河南省黄河取水许可总量控制指标细化方案、年度水量调度预案和月旬调度方案时，充分协商河南省水行政主管单位河南省水利厅；制订年度水量分配计划时，充分考虑沿黄各市上报的用水计划，根据各引水单位的实际需求和来水情况制订周密的调度计划。其次，建立水资源开发利用红线，严格实行用水总量控制，根据水资源存量情况及开发利用现状，充分考虑河道生态用水需求，建立黄河水资源开发利用红线，形成监督管理体制，成立自上而下的监督管理机构，严格实行用水总量控制，制止超标准引水，有效遏制了黄河河道的生态恶化趋势，以实现维持黄河健康生命的理念。然后，初步形成支流调度管理体制，制订了沁河、伊洛河年度分水方案和水量调度预案，加强支流水量调度督查，严格执行各项水调指令，规范支流水资源管理。最后，形成监督处罚机制，对水资源管理部门和用水机构的法律责任做出明确规定，对不履行监督检查职责的管理机构及不按照规定用水的单位明确了处罚制度。

实践证明，按《条例》规定的权责划分，实施流域与区域管理相结合的模式，才能实现黄河水量统一调度的目标，也才能促进流域水资源的可持续利用。

5.2.2 健全了水量调度制度体系

《条例》及《实施细则》的颁布，促进各级水行政主管部门针对《条例》的有关规定，修订和完善有关配套办法，制定新的规章规定，形成更有利于《条例》落实的水量调度管理制度。

《条例》实施前，针对黄河水量统一调度实际，制定了《黄河水量调度工作责任制（试行）》《黄河水量调度突发事件应急处置规定》和《黄河水量调度突发事件应急处置规定实施细则》等配套管理规定，《条例》的实施，在黄河水量调度管理实践的基础上,相对《黄河水量调度管理办法》,《条例》及《实施细则》新增的规定,拓展为详细、可操作性的管理规章制度是健全水量调度制度体系的必然要求,因此黄委印发《黄河流域抗旱预案(试行)》,将黄河流域干旱事件分为区域干旱、供水量不足和断面预警三大类,明确了干旱预警的等级和启动条件以及采取的措施,并进一步修订了《黄河水量调度突发事件应急处置规定》。通过各项规章制度的联合运用,黄河水量调度制度体系更加规范化。

河南黄河水量调度制度体系建设过程中,在贯彻执行《条例》及黄委各项规定的同时,建立了适应于河南黄河水量调度管理实际的制度体系。

(1)建立了河南黄河应急管理机制。2009 年河南省发生特大旱情,黄委应急机制及时响应,顺利完成抗旱供水任务,在总结抗旱应急响应经验的基础上,河南黄河河务局编制了《河南黄河抗旱应急响应预案》,针对黄河防总和河南省防指发布的不同预警等级,提出了相应的响应措施,使河南黄河抗旱工作在以下几个方面实现规范化、制度化,一是建立和规范了抗旱应急组织指挥机制和工作程序;二是建立了引黄灌区旱情、灌溉、引黄工程引水状况等信息监测、处理、上报机制;三是制定了抗旱应急响应启动和应对措施;四是明确河南黄河河务局有关部门和单位的抗旱工作职责;五是建立了抗旱应急的保障机制,包括计算机网络和应用系统、通信与后勤保障等,提高了河南黄河水资源管理与调度的综合应急反应能力,从措施上构建最严格的河南黄河水资源管理与调度体系。

(2)建立了河南黄河水量调度责任制。明确各级水资源管理单位水量调度责任人,严肃水调纪律,确保水量调度指令畅通;按照制度严格管理,进行规范管理和标准操作,严格年度水量调度计划与月、旬水量调度方案的申报和下达,及时与省水利厅进行会商,做到管理有章、调度有序;加强水量调度督查,采取灵活监督方式,确保水量调度监督管理到位,通过省、市、县河务局和地方水利局、灌区管理单位共同督导的方式进行监督,确保了水量调度监督管理工作落实到位。同时,为了落实责任制,接受社会监督和个人责任制的承担,又实行了公告制度,及时向社会公告河南黄河水量调度管理工作总结。

5.2.3 更加明确了水量分配的原则和依据

1987 年国务院批准的《黄河可供水量分配方案》,提出了南水北调生效前黄河可供水量配置方案。该方案确定了黄河正常年份天然来水量为 580 亿

m^3,将 370 亿 m^3 作为黄河可供水量,分配给流域内 9 省(区)及相邻缺水的河北省、天津市,剩余 210 亿 m^3 作为河道内输沙等生态用水,使黄河成为我国大江大河首个进行全河水量分配的河流。该分配方案也成为实施黄河水量统一调度的最根本的依据之一(见表 5-1)。

表 5-1 南水北调工程生效前黄河可供水量分配方案

省(区、市)	青海	四川	甘肃	宁夏	内蒙古	陕西	山西	河南	山东	河北省、天津市	合计
年耗水量(亿 m^3)	14.1	0.4	30.4	40.0	58.6	38.0	43.1	55.4	70.0	20.0	370

"八七分水"方案,为流域水权分配体系的建立奠定了基础,同时也为协调省(区)用水矛盾和对全河用水实施总量控制提供了依据,但也存在一定的局限性,影响了分配方案的可操作性。一是"八七分水"方案中没有进一步明确干、支流分水指标,实施干流、支流总量控制无依据可循;二是方案中仅给出各分水省(区、市)正常年份一年分水总指标,不利于年内引黄用水的过程控制和不同来水年份的用水总量控制;三是方案只分配到省级行政单元,难以指导省(区)内部的总量控制管理;四是方案仅对黄河河川径流量进行了分配,尽管在进行黄河分水时,提出了地下水开发利用维持现状的原则,但没有成为强制性措施。由此造成分水的不全面,地下水管理没有可以依据的硬性指标约束;五是基于 20 世纪 80 年代初的经济发展水平和用水水平,预测 2000 年水平的耗水量提出的干支流和行业的细化配置方案,随着经济社会的发展、布局的调整和用水结构的变化,需要重新研究细化配置方案。

由于《黄河可供水量分配方案》的局限性,加上没有法律法规的规范,使 1987 年批准的《黄河可供水量分配方案》长期难以落实,部分省(区)超指标用水现象严重,黄河河道内输沙等生态用水受到挤占。为了使黄河可供水量分配有据可依,根据《水法》的有关规定,《条例》对水量分配方案作了规定。国家对黄河水量实行统一调度,遵循总量控制、断面流量控制、分级管理、分级负责的原则。实施黄河水量调度,应当首先满足城乡居民生活用水的需要,合理安排农业、工业、生态环境用水,防止黄河断流。

《条例》中明确了制订水量分配方案的原则依据。在制订黄河水量分配方案时,应当充分考虑黄河流域水资源条件,黄河流域规划和水中长期供求规划,以及相关省(区、市)取用水现状和发展趋势等因素,坚持计划用水、节约用水,统筹兼顾生活、生产、生态环境用水和上下游、左右岸的关系,发挥黄河水资源的综合效益,科学确定河道输沙入海水量和可供水量。要求水量分配方案的制订,既要遵循经济规律,又要遵循自然规律;既要考虑经济社会效益,又要考虑生态环境效益。这是国家第一次通过法规的形式对流域水量分配的原则和依据进行规定。

作为水量分配的依据,《条例》中明确规定了水量分配的"可供水量"指在黄河流域干、支流多年平均天然年径流量中,除必需的河道输沙入海水量外,可供城乡居民生活、农业、工业及河道外生态环境用水的最大水量。

5.2.4 有效细化了水量调度实施方式

《条例》将黄河水量调度分为正常情况下水量调度和应急情况下的水量调度。在正常情况下,从平衡黄河上下游、左右岸、行业之间、地区之间的利益出发,并从时间上和空间上解决缺水性河流的用水矛盾。《条例》规定,黄河水量调度实行年度水量调度计划与月、旬水量调度方案和实时调度指令相结合的调度方式,黄河水量调度年度为当年 7 月 1 日至次年 6 月 30 日。

在《条例》出台之前,为缓解关键时段和关键河段黄河水资源供需矛盾,化解黄河下游断流危机,并考虑到调度手段的完善和调度水平的提高需要一个过程,黄河水量调度的时段为用水矛盾和防凌与电调矛盾十分突出的非汛期,即当年的 11 月至次年的 6 月;调度河段局限在黄河干流,其中调度的头三个年度,干流调度河段是上游刘家峡水库至头道拐和下游三门峡至利津两个河段。从 2001 ~ 2002 年度开始,将调度河段扩展到刘家峡以下干流全部河段。

《条例》颁布后,根据该条例的要求,并考虑黄河水量调度实际,黄河水量调度在时间上和空间上均进行了延伸。在时间上,调度时段由非汛期扩展到全年,汛期用水纳入全年指标总量控制,并分月下达各省(区、市)用水指标。在空间上,干流调度河段由刘家峡以下干流河段延伸到龙羊峡以下全部干流河段,并自 2006 ~ 2007 年度开始,启动了洮河、湟水、清水河、大黑河、汾河、伊洛河、渭河、沁河和大汶河等 9 条重要支流的水量调度。

《条例》实施之前的调度主要是以年、月为基础的宏观调度,旬在《黄河水量调度管理办法》中只是作为特殊情况下的调节手段;而黄河水量调度中频繁突破预警流量的现实,暴露出原有的调度制度设计存在很大的缺陷,为此,《条例》对黄河水量调度作了进一步的细化,将正常情况下的调度分成了三类,"平常调度""用水高峰调度"和"实时调整",仍然以年、月调度为基本调度手段，而把旬调度提高到作为用水高峰时的一种基本调度手段，调度条件出现大的变动时用实时调度来进行调整，使黄河水量调度更加具体，更具操作性。旬水量调度方案和实时调度指令是在用水高峰期和特殊情况下调度的一种特殊的补充。

5.2.5 进一步规范了水量调度的业务流程

黄河水量调度经历了从“八七分水”方案、《黄河水量调度管理办法》到《条例》及《实施细则》的发展历程，随着制度的逐步完善，水量调度的业务流程更加规范。

《实施细则》中对年度水量调度，月、旬水量调度，调度计划外使用申请，取(退)水情况申报，水库运行情况申报，年度水量工作总结，执行情况通报等具体事项系统安排，使各项工作在各级部门间协调开展。

5.2.5.1 年度水量调度程序

首先，河南黄河河务局每年的10月25日前向黄委申报本调度年度非汛期用水计划建议和水库运行计划建议；其次，黄委应当于每年10月31日前向水利部报送年度水量调度计划，水利部于11月10日前审批下达；最后，河南黄河河务局应当依照调度管理权限和经批准的年度水量调度计划，对辖区内各行政区域以及主要用水户年度用水计划提出意见，并于11月25日前报黄委备案。

5.2.5.2 月、旬水量调度程序

河南黄河河务局每月25日前向黄委申报下一月用水计划建议和水库运行计划建议；用水高峰期，每月5日、15日、25日前分别申报下一旬用水计划建议和水库运行计划建议。黄委应当于每月28日前下达下一月水量调度方案；用水高峰期，应当根据需要于每月8日、18日、28日前分别下达下一旬水量调度方案。河南黄河河务局应当依照调度管理权限和黄委下达的月、旬水量调度方案，对辖区内各行政区域及主要用水户月、旬用水计划提出意见，并于每月5日前报黄委备案，用水高峰期，于每月1日、11日、21日前报黄委备案。需要实时调整用水计划或水库运行计划的，应当提前48小时提出计划调整建议。

5.2.5.3 申请计划外用水指标程序

申请在年度水量调度计划外使用其他省(区、市)计划内水量分配指标

的,应当同时符合以下条件:

(1)辖区内发生严重旱情的;

(2)年度用水指标不足且辖区内其他水资源已充分利用的。申请由河南黄河河务局按照调度管理权限提前 15 日以书面形式提出。申请应当载明申请的理由、指标额度、使用时间等事项。黄委收到申请后,应当根据黄河来水、水库蓄水和各省(区、市)用水需求情况,经供需分析和综合平衡后提出初步意见,认为有调整能力的,组织有关各方在协商一致的基础上提出方案,报水利部批准后实施;认为无调整能力的,在 10 日内做出答复。

5.2.5.4 取(退)水情况申报

河南黄河河务局应当按照下列时间要求向黄委报送所辖范围内取(退)水量报表:

(1)每年 7 月 25 日前报送上一调度年度逐月取(退)水量报表;

(2)每年 10 月 25 日前报送 7 月至 10 月的取(退)水量报表;

(3)每月 5 日前报送上一月取(退)水量报表;

(4)用水高峰期,每月 5 日、15 日、25 日前报送上一旬的取(退)水量报表;

(5)应急调度期,每日 10 时前报送前日平均取(退)水量和当日 8 时取(退)水流量报表。

5.2.5.5 年度水量调度工作总结

河南黄河河务局以及水库管理单位,应当于每年 7 月 25 日前向黄委报送年度水量调度工作总结;黄委应当于 8 月 10 日前向水利部报送年度水量调度工作总结。

5.2.5.6 执行情况通报

黄委应当于每年 3 月和 7 月将水量调度执行情况向河南省人民政府水行政主管部门以及水库主管部门或者单位通报,应急调度期应根据需要加报,并及时向社会公告。

5.2.6 全面建立了水量调度的指标体系

国家对黄河水量实行统一调度,为有效监督实施情况,采取总量控制、断面流量控制的双控制措施,并建立了相应的水量调度指标体系。

总量控制,即各省(区、市)年度引黄耗水量不得超过水利部批复的年度调度计划确定的各省(区、市)年度分水指标。年内用水过程控制依据黄委下达的月旬调度方案和实时调度指令,可依据前期用水情况、下一阶段黄河来水预估和水库蓄水情况、各省(区、市)申报的用水需求计划,对年度调度计划确定的年内分水过程进行适当调整,但不得改变年度分水指标。需要调整年度分水指标的,必须由水利部批准。

断面流量控制,即省际控制断面和水库出库断面下泄流量必须达到月旬调度方案和调度指令规定的指标。《细则》规定:水库日平均出库流量误差不得超过控制指标的 ±5%;其他控制断面月、旬平均流量不得低于控制指标的95%,日平均流量不得低于控制指标的 90%。并进一步明确控制河段上游断面流量与控制指标有偏差或者区间实际来水流量与预测值有偏差的,下游断面流量控制指标可以相应增减,但不得低于预警流量。

同时,将自 2003 年在黄河水量调度中执行的干流省际和重要控制断面预警流量纳入《细则》中,并规定了黄河重要支流控制断面最小流量指标及保证率,具体见表 5-2 和表 5-3。

表 5-2　黄河干流省际和重要控制断面预警流量　　(单位:m^3/s)

断面	下河沿	石嘴山	头道拐	龙门	潼关	花园口	高村	孙口	泺口	利津
预警流量	200	150	50	100	50	150	120	100	80	30

表 5-3　黄河重要支流控制断面最小流量指标及保证率

河流	断面	最小流量指标(m^3/s)	保证率(%)	河流	断面	最小流量指标(m^3/s)	保证率(%)
洮河	红旗	27	95	渭河	北道	2	90
湟水	连城	9	95	渭河	雨落坪	2	90
湟水	享堂	10	95	渭河	杨家坪	2	90
湟水	民和	8	95	渭河	华县	12	90
汾河	河津	1	80	沁河	润城	1	95
伊洛河	黑石关	4	95	沁河	五龙口	3	80
大汶河	戴村坝	1	80	沁河	武陟	1	50

5.2.7 建立了水量调度的应急管理机制

为快速、有效应对黄河水量调度突发事件，维护黄河水量调度秩序，确保黄河不断流，《条例》进一步完善和细化了《黄河水量调度突发事件应急处置预案》和《黄河水污染事件应急处置预案》。规定，当出现严重干旱、重大水污染事故等情况，可能造成供水危机、黄河断流时，由黄委组织实施应急水量调度。

一是明确了应急水量调度的实施条件。《条例》规定，当出现严重干旱、省际或者重要控制断面流量降至预警流量、水库运行故障、重大水污染事故等情况，实践中可能还会出现别的情况，可能造成供水危机、黄河断流时，由黄河水利委员会组织实施应急水量调度。在最初我们是定量作了规定，国务院法制办认为向社会公布专业性很强的规定不合适，大众不能理解，改为了定性的规定。

二是《条例》规定了旱情紧急情况下的水量调度预案制度。为了做到应急管理日常化，《条例》要求黄河水利委员会应当商十一省区市人民政府以及水库主管部门或者单位，制订旱情紧急情况下的水量调度预案；十一省区市人民政府水行政主管部门和河南、山东黄河河务局以及水库管理单位，应当根据经批准的预案，制订实施方案。

三是规定了应急处置措施。当出现应急情况时，黄河水利委员会及其所属管理机构、有关省级人民政府及其水行政主管部门和环境保护主管部门以及水库管理单位，应当根据需要，实施紧急预案，按照规定的权限和职责，及时采取压减取水量直至关闭取水口、实施水库应急泄流方案、对排污企业实行限产或者停产等处置措施。这里有的措施是环保部门批准，有的是政府批准，有的是水利部门批准就可以，要按照权限来落实。

河南黄河河务局根据《条例》制订和完善各项应急预案和保障方案，确保供水安全，并将此项措施作为落实最严格的水资源管理制度的重要举措之一，各级供水部门都高度重视，将其列入目标责任书，并明确规定了责任人和完成时间。

2009年初，河南省遭受了中华人民共和国成立以来最严重的旱情，全省连续一百多天无有效降雨，其中沿黄灌区受旱面积占全省受旱面积的29%。为应对流域干旱，黄委首次启动《黄河流域抗旱预案》，河南黄河河务局切实贯彻落实国家防总和水利部的指示精神，在2009年1月6日起，相继发布流域干旱蓝色、黄色、橙色、红色预警，快速反应，积极应对，启动相应应急响应，积极调度水资源，确保河南沿黄灌区抗旱浇麦用水。随后，在总结抗旱应急响应经验的基础上，编制了《河南黄河抗旱应急响应预案》。

为应对可能发生的各种突发事件，河南黄河河务局还根据有关规定，分别制订和完善了《引黄抗旱应急预案》《水量调度突发事件应急预案》《黄河重大水污染事件报告预案》《引黄工程防淤减淤方案》《调水调沙引水控制方案》《引黄工程供水保障方案》等，提高了河南黄河水资源管理与调度的综合应急反应能力，从措施上构建最严格的河南黄河水资源管理与调度体系。

5.2.8 有力推动了流域水资源管理的进一步深化

自 1999 年黄河开始统一进行水调度以来，流域水资源管理通过不断改进完善，逐渐实现科学化和规范化，但管理制度和管理手段在执行力度上有所欠缺，《条例》的实施将黄河水资源管理制度体系形成了法律条文固定下来，明确规定了黄河水量统一调度遵循总量控制、断面流量控制、分级管理和分级负责的原则，对各级水资源管理单位的管理权限和职责进行了详细划分，改变了以往交叉管理、责任划分不明确的混乱局面，并规定了监督检查制度和有关罚则，对超限引水处罚有法可依，使得黄河水量调度分级总量控制管理体系得到有效落实。“八七分水”方案总量控制指标仅细化到省，而《条例》对各级管理单位的权责划分十分明确，这就推进了对总量控制指标进一步细化，2009 年，河南黄河河务局商河南省水利厅，制订了《河南省黄河取水许可控制指标细化方案》（以下可简称《细化方案》），规定了河南沿黄各市的总量控制指标，河南省黄河水量调度制订月、旬调度方案时，按照各市的总量指标进行控制，充分保证了河南黄河水资源的合理利用。

《条例》的实施杜绝了引黄超标用水，在取水总量控制指标的制约下，区域内水资源开发受到限制，而随着经济社会的飞速发展，黄河水资源供需矛盾仍十分尖锐。为此，在本区域内要积极寻求破解水资源制约当地经济社会发展的新途径。在河南黄河水量调度管理过程中，通过水权水市场理论，探索新型流域水权管理体系，显得尤为必要。借鉴黄委的黄河水权转换试点项目的成功经验，研究和探索河南黄河水权转换模式，积极扶持和引导企业、灌区管理单位和农民用水户作为水权转换的利益方参与到水权转换的实践中，研究规范地方政府、水权出让方、水权受让方的水权转换行为的制度体系，为水权转换市场提供监督检查规范，研究水权转换的技术体系，为水权转换提供技术支持，初步建立河南黄河水权转换管理制度。

2006年至今，《条例》已实施了5年时间，在此期间，河南黄河总量控制指标得到严格遵守，未出现超标情况。根据黄委"黄河水量调度由较低水平的不断流转变为功能性不断流"的要求，在未来水量调度管理中，要统筹兼顾经济用水、输沙用水、生态用水和稀释用水四项功能指标和需求。《条例》在河南黄河水量调度管理工作中的实践，为下一阶段实现功能性不断流的目标提供了技术支持，通过充分总结以往水调管理经验，研究建立功能性不断流指标体系的有效手段和技术方法。

5.2.9 有效遏制了引水计划上报的粗放性

《条例》实施后，促进了总量控制指标的细化工作，首先，指标细化以后，限制了各市引黄水量，在各级水行政主管单位上报年度用水计划时有据可依，督促各单位及早筹划，根据各引水口用水需求情况，合理上报引黄供水计划。其次，促进各引水单位科学计算需水量，合理计划各月及各旬用水，在总量控制的原则下，合理调配水资源，遏制了引水计划上报的粗放性。

《条例》明确规定将黄河水量统一调度期延伸至汛期，规定水行政主管单位开始发布汛期水量调度方案，对汛期用水进行计划管理，促进各省（区）按计划实行年度耗水总量控制管理，以往汛期引水存在引水量过多，实际需水量小于引水量，多出的水量只能排放，导致水资源浪费的情况，通过汛期调度管理，要求各地上报引水计划时，要合理规划汛期用水，杜绝了汛期用水的无计划状况。从表5-4和图5-1中可以看出，河南黄河各引水口统计历年汛期与非汛期引水情况，2006年以后，历年汛期平均引水量与非汛期平均引水量的差值明显收窄，由于历年引水量总体呈增加趋势，因此差值的比率越来越小，汛期引水得到了合理调度控制。

此外，通过制订合理的用水计划，在确保实现河南省总量控制指标细化方案的基础上，实现各月用水均匀，杜绝用水多的月份太多，严重超额，少的月份太少，不能有效利用水资源，降低了月用水偏差，使得各时段的用水过程更加趋于均匀。统计2003～2009年的月平均引水量偏差，见图5-2，可以看出，《条例》实施以后，不均匀性明显降低，而且逐渐呈递减趋势，使得水资源的计划和实际用水减少盲目性，促进水资源的合理利用。

表 5-4　河南引水口统计引黄用水量(2003～2009 年)（单位:亿 m^3）

月份	2003 年	2004 年	2005 年	2006 年	2007 年	2008 年	2009 年
1	0.24	0.14	0.19	0.34	0.50	0.42	1.62
2	0.68	0.74	0.39	1.06	0.51	1.02	5.31
3	3.12	2.00	2.81	2.55	1.76	3.98	1.09
4	2.03	2.42	2.50	2.38	2.23	1.54	1.82
5	2.48	1.60	3.72	2.48	2.74	2.64	2.86
6	3.69	2.94	3.78	4.34	3.72	4.05	5.02
7	1.38	0.82	0.99	1.51	1.26	1.58	2.29
8	1.35	0.61	0.99	1.32	1.29	1.47	1.96
9	0.25	0.87	0.82	0.91	1.32	1.75	1.70
10	0.12	0.24	0.24	0.74	0.49	0.67	1.13
11	0.10	0.18	0.25	0.35	0.34	0.58	0.69
12	0.12	0.22	0.25	0.61	0.40	0.96	0.52
非汛期平均	1.56	1.28	1.74	1.76	1.53	1.90	2.37
汛期平均	0.78	0.64	0.76	1.12	1.09	1.37	1.77
差值	0.78	0.65	0.98	0.64	0.44	0.53	0.60
平均	1.30	1.07	1.41	1.55	1.38	1.72	2.17
偏差	0.98	0.89	0.99	0.77	0.78	0.71	0.71

注:偏差是统计学名词,是量度数据分布的分散程度的标准,用以衡量数据值偏离算术平均值的程度。偏差越小,这些值偏离平均值就越少,反之亦然,主要用于衡量一组数据的不均匀性。

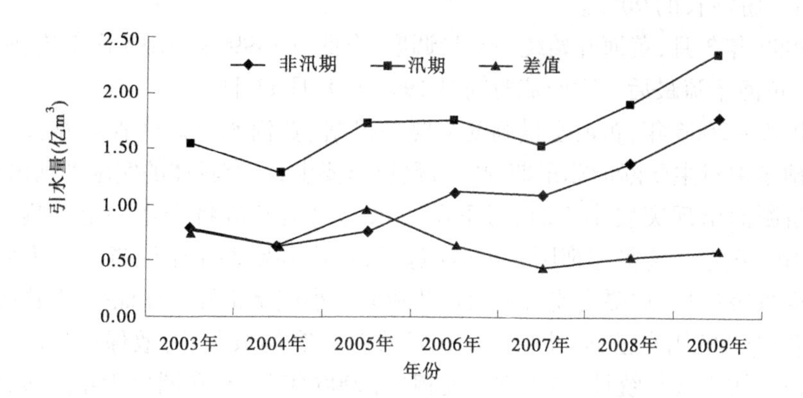

图 5-1　2003~2009 年汛期、非汛期平均引水流量变化

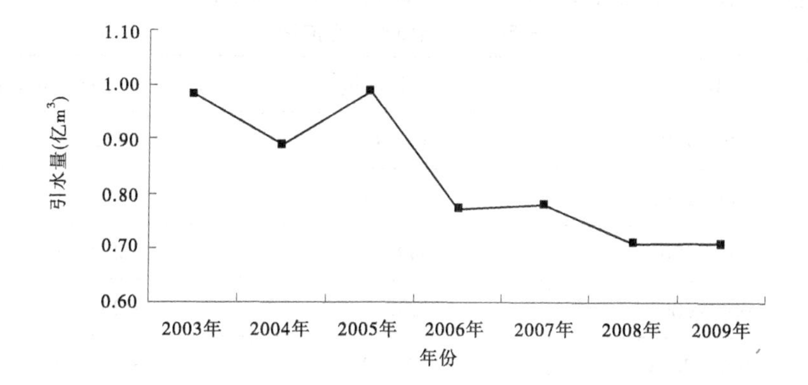

图 5-2　2003~2009 年月引水流量偏差变化

5.3　社会效益

5.3.1　确保黄河下游不断流

自 20 世纪 70 年代开始，黄河下游频繁断流，进入 90 年代，几乎年年断流，呈愈演愈烈之势，根据资料统计，1998 年以前，黄河连年断流，仅 1991~1998 年期间，累计断流 54 次、859 天，平均每年断流 107 天；其中以 1997 年最为严重，下游断流长达 226 天，断流河段上延至河南省开封市附近，长达 704

km,占下游河长的90%。

1999年3月,黄河开始统一水量调度,自此仅1999年出现3次断流,断流42天,黄河干流最后一次断流时间是1999年8月11日。

1999~2006年,黄河水量调度主要是根据《黄河水量调度管理办法》,仅在年预案中对主要断面非汛期预警流量提出要求,没有具体的实施细则出台,当上游断面出现突发事件时,对下游引水及河道基流将产生一定影响。自2006年《条例》和《实施细则》颁布实施后,提出并明确了干流省际和重要控制断面预警流量、重要支流省际和入黄断面最小流量指标及保证率,严格控制了各省(区)的用水指标,使得各断面流量控制有的放矢,有效保证了河道生态基流。按水文年统计,与正常年度相比,2006年至今,花园口历年天然径流量均比正常年份偏小,具体情况见表5-5。《条例》和《实施细则》的实施,促进了水量调度的规范化程度,至今黄河下游再未发生过断流。

表5-5 花园口天然径流量 (单位:亿 m^3)

年度	天然径流量	与正常年份来水量差值
1998~1999	447.97	-112.03
1999~2000	452.18	-107.82
2000~2001	349.87	-210.13
2001~2002	323.33	-236.67
2002~2003	300.30	-259.70
2003~2004	575.42	15.42
2004~2005	396.70	-163.30
2005~2006	555.47	-4.53
2006~2007	400.41	-159.59
2007~2008	490.13	-69.87
2008~2009	400.40	-159.60
2009~2010	479.94	-80.06
2010~2011	430.00	-130.00

近年来随着经济社会的不断发展,下游需水量逐年增大,通过水量调度的实施,加大了下游河道的输沙用水,改善了黄河河道的萎缩状态,基本遏制了黄河下游断流的恶化趋势。为下一步从一般意义上的"黄河不断流"转变到"黄河功能性不断流"打下了坚实基础,有力地实现了"维持黄河健康生命"的治河理念。

5.3.2 合理安排工农业及城镇生活用水

《条例》在黄河水量调度管理过程中的贯彻执行,依靠其强力的行政执行力度,按照总量控制的原则,在实际水量调度管理中,各级水资源管理单位结合来水、水库蓄水和各市用水的实际情况,精细调度黄河水量,根据总量控制指标,建立水资源开发利用红线,在红线内,合理安排农业、工业和城镇生活引水比例,提高各行业用水保证程度,统计黄河流域河南各行业耗水情况,见表5-6,按照《条例》及有关法律法规的规定,各行业用水优先程度不同, 而由表5-6和图5-3可以看出,农业用水占总量的比例逐年减少,工业、城镇生活和生态环境用水占总量的比例逐年增加,因此在实际的水量调度管理过程中,各行业用水分配是在合理保证优先级的情况下,公平分配。2006年由于《条例》实施,控制了部分单位违法用水量,2006年耗水量比2005年有所减少,此后,随着《条例》各项制度的落实,河南黄河耗水量在总量控制的情况下逐年增加,并超出《条例》实施前的增加速度。《条例》的实施更加有效地遏制了超计划用水,增强了水资源统一配置的效率,保障了各地区各部门的供水安全,体现了公平、公正的用水秩序的建立。

表5-6 黄河流域河南各行业引黄耗水情况统计 (单位:亿 m^3)

年份	总量	农业	工业	城镇生活	生态环境	非农业/总量	农业/总量
1998年	29.54	25.64	2.88	1.02	0	0.13	0.87
1999年	34.57	29.75	2.83	1.99	0	0.14	0.86
2000年	31.47	26.31	3.59	1.57	0	0.16	0.84
2001年	29.42	23.55	3.45	2.42	0	0.20	0.80
2002年	36	29.48	4.2	2.32	0	0.18	0.82

续表 5-6

年份	总量	农业	工业	城镇生活	生态环境	非农业/总量	农业/总量
2003 年	27.52	21.61	3.37	2.2	0.34	0.21	0.79
2004 年	25.37	19.66	3.39	1.86	0.46	0.23	0.77
2005 年	28.14	21.08	4.16	2.55	0.35	0.25	0.75
2006 年	36.43	28.52	4.9	2.73	0.28	0.22	0.78
2007 年	31.85	23.15	5.42	2.96	0.32	0.27	0.73
2008 年	37.98	27.03	7.34	3.15	0.46	0.29	0.71
2009 年	41.87	29.95	8.26	3.04	0.62	0.28	0.72

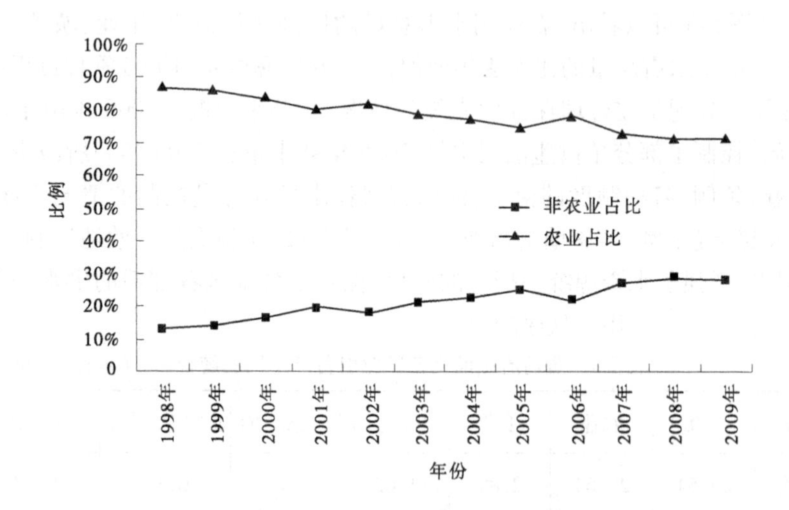

图 5-3 农业、非农业用水占总用水量比例变化图(1998 ~2009 年)

《条例》实施以来,现有河南黄河水量调度管理制度体系已逐步完善,并在河南水量调度管理现行制度体系运行过程中,研究了建立超计划用水的补偿制度的可行性,以利用经济手段进一步遏制超计划用水现象,增加超计划用水成本,建立公平、公正的用水秩序,保证黄河基本的生态用水。

5.3.3 确保省际断面流量控制

河南黄河水资源调度以黄河高村断面流量作为控制指标,统计 1999 年以来历年高村断面非汛期实测月平均流量与水量调度控制流量,见表 5-7。从年际总量控制及年份逐月调度控制两个方面,对《条例》实施前后的情况进行对比分析。

(1)图 5-4 为 1999 年以来黄河高村站非汛期实测年平均流量与年平均调度控制流量对比图。2006 年以前为《条例》实施前年份,从图中可以看出,除 2000 年与 2001 年外,其余年份两个指标差值较大,其中 2002 ~ 2003 年处于超引状态,全年非汛期平均超引量约为 74 m^3/s,2003 年以后实测年平均流量则远大于年平均控制流量,2003 ~ 2004 年为 293 m^3/s,2004 ~ 2005 年为 178 m^3/s,2005 ~ 2006 年为 171 m^3/s。2006 年《条例》实施以后,实测年平均流量与年平均控制流量差值明显收窄,除 2007 ~ 2008 年外,其余年份两个指标基本吻合。

(2)分别选取《条例》实施前后超引最严重的年份,《条例》实施前后断面下泄流量比控制指标超出最多的年份,逐月调度控制情况对《条例》实施前后进行对比分析,2003 ~ 2004 年、2007 ~ 2008 年为超引年份,2002 ~ 2003 年和 2010 ~ 2011 年为下泄流量和控制指标超出最多的年份,图 5-5、图 5-6 分别为《条例》实施前 2002 ~ 2003 年和 2003 ~ 2004 年年内逐月实测平均流量与控制指标流量对比图,可以看出,2002 ~ 2003 年两个流量变化剧烈,除 6 月外,其余月均处于超引状态,2003 ~ 2004 年内各月实测流量线均在控制指标线之上,二者差值较大。图 5-7 ~ 图 5-10 分别为《条例》实施后 2007 ~ 2008 年、2008 ~ 2009 年、2009 ~ 2010 年和 2010 ~ 2011 年年内逐月实测平均流量与控制指标流量对比图,可以看出,年内两个流量基本吻合,虽逐月会产生或多或少的偏差,但实测流量基本在控制指标流量线附近摆动,由此可以看出,《条例》实施前,实际下泄流量与控制指标相比,会出现较大的差距,《条例》实施后,每月的实际下泄流量与控制指标基本吻合,实现了下泄断面流量的合理控制。

表 5-7 1999 年以来黄河高村站非汛期逐月实测平均流量与控制指标统计 (单位:m^3/s)

年份	流量及差值	月份							
		11 月	12 月	次年 1 月	次年 2 月	次年 3 月	次年 4 月	次年 5 月	次年 6 月
2000 ~ 2001 年	实测流量	568	529	557	375	657	770	440	273
	控制流量	417	502	494	396	650	713	536	388
	差值	151	27	63	-21	7	57	-96	-115
2001 ~ 2002 年	实测流量	233	334	204	242	720	497	537	458
	控制流量	367	252	167	240	589	650	530	408
	差值	-134	82	37	2	131	-153	7	50
2002 ~ 2003 年	实测流量	256	196	163	128	399	374	312	447
	控制流量	286	413	360	334	408	454	349	266
	差值	-30	-217	-197	-206	-9	-80	-37	181
2003 ~ 2004 年	实测流量	1 750	974	621	488	729	717	676	1 500
	控制流量	1 322	694	490	419	609	653	519	407
	差值	428	280	131	69	120	64	157	1 093
2004 ~ 2005 年	实测流量	340	407	349	267	477	765	569	1 840
	控制流量	389	409	369	310	592	547	494	479
	差值	-49	-2	-20	-43	-115	218	75	1 361

续表 5-7

年份	流量及差值	月份							
		11 月	12 月	次年 1 月	次年 2 月	次年 3 月	次年 4 月	次年 5 月	次年 6 月
2005 ~ 2006 年	实测流量	808	524	339	392	985	864	964	2 470
	控制流量	773	410	336	312	762	838	830	1 714
	差值	35	114	3	80	223	26	134	756
2006 ~ 2007 年	实测流量	435	425	295	235	746	742	439	1 438
	控制流量	405	464	457	584	842	834	656	600
	差值	30	-39	-162	-349	-96	-92	-217	838
2007 ~ 2008 年	实测流量	785	541	479	510	830	836	679	1 520
	控制流量	510	450	395	480	820	820	700	1 080
	差值	275	91	84	30	10	16	-21	440
2008 ~ 2009 年	实测流量	510	433	345	634	642	617	440	1 430
	控制流量	460	350	290	390	820	740	580	1 500
	差值	50	83	55	244	-178	-123	-140	-70
2009 ~ 2010 年	实测流量	655	527	380	332	738	569	627	1 450
	控制流量	560	500	450	490	700	570	490	1 340
	差值	95	27	-70	-158	38	-1	137	110
2010 ~ 2011 年	实测流量	466	390	327	408	795	651	498	1 191
	控制流量	370	450	450	490	730	570	450	1 400
	差值	96	-60	-123	-82	65	81	48	-209

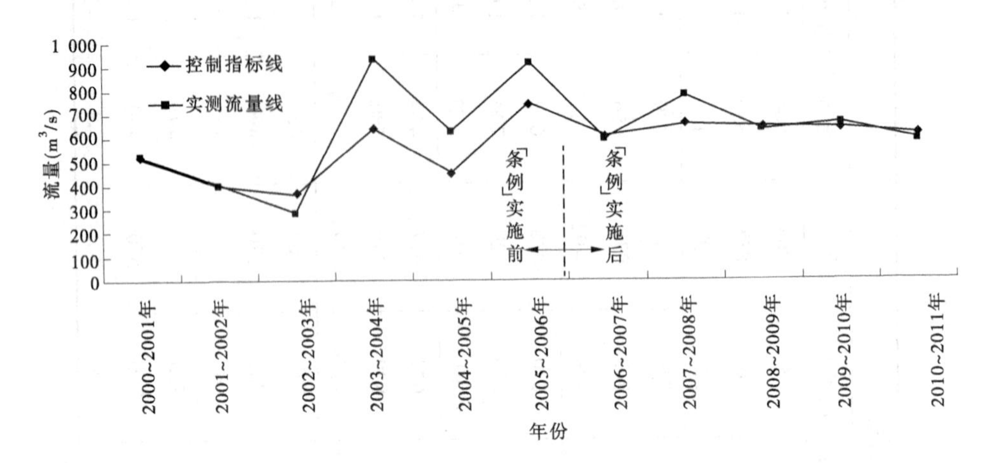

图 5-4　1999 年以来黄河高村站非汛期实测年平均流量与年控制流量对比图

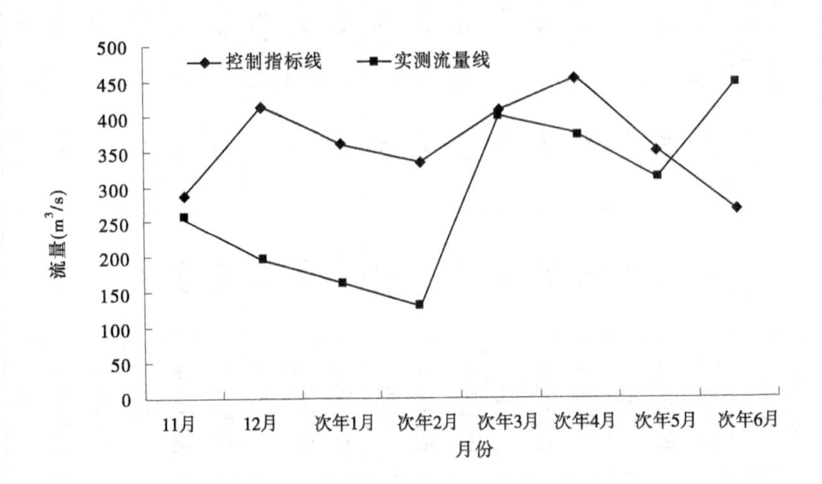

图 5-5　《条例》实施前 2002 ~ 2003 年逐月实测平均流量与控制指标流量对比图

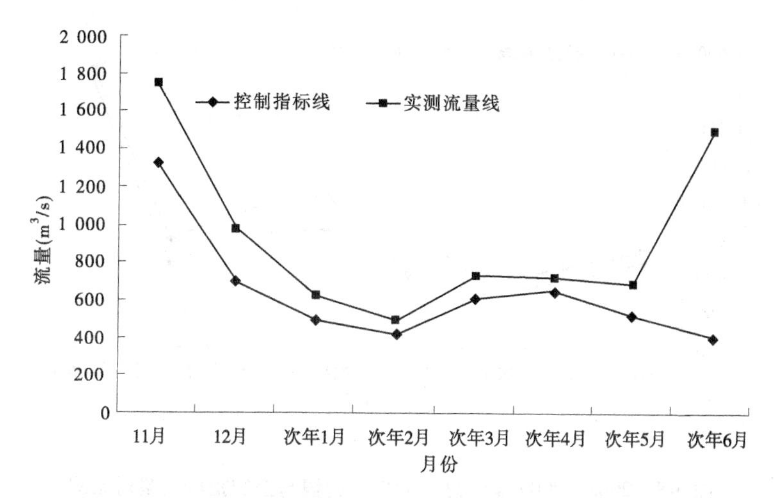

图 5-6 《条例》实施前 2003～2004 年逐月实测平均流量与控制指标流量对比图

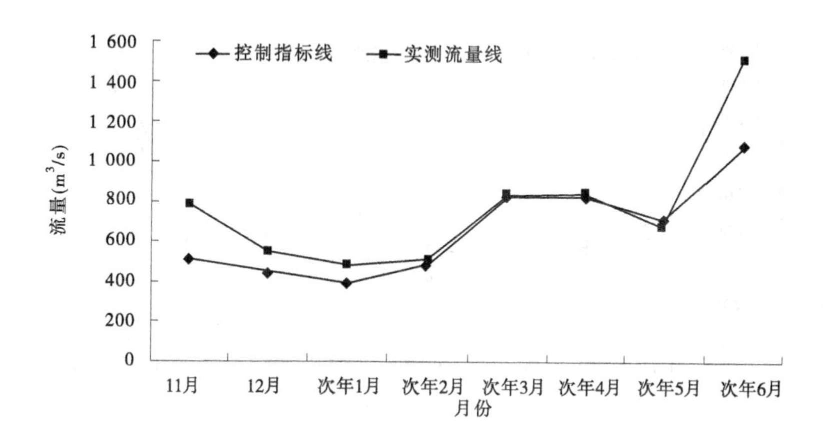

图 5-7 2007～2008 年逐月实测平均流量与控制指标流量对比图

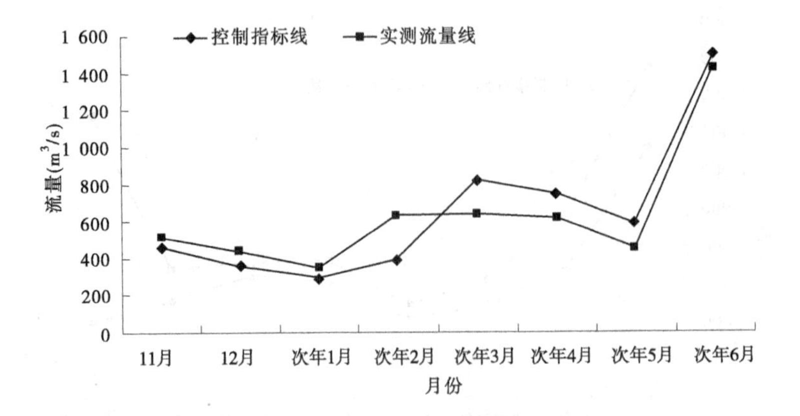

图 5-8　2008～2009 年逐月实测平均流量与控制指标流量对比图

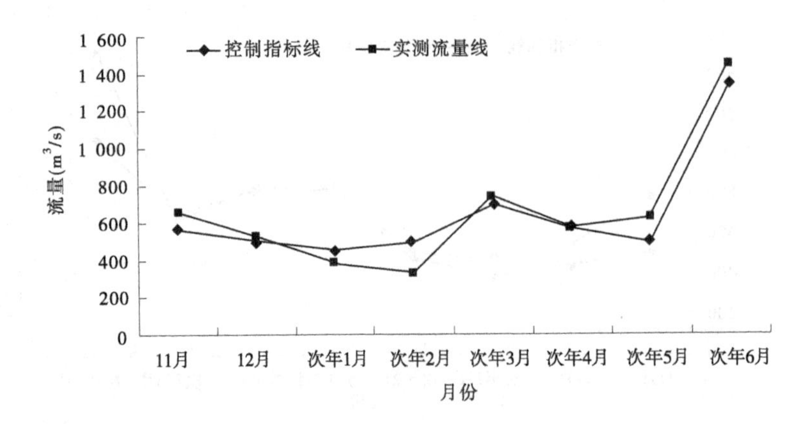

图 5-9　2009～2010 年逐月实测平均流量与控制指标流量对比图

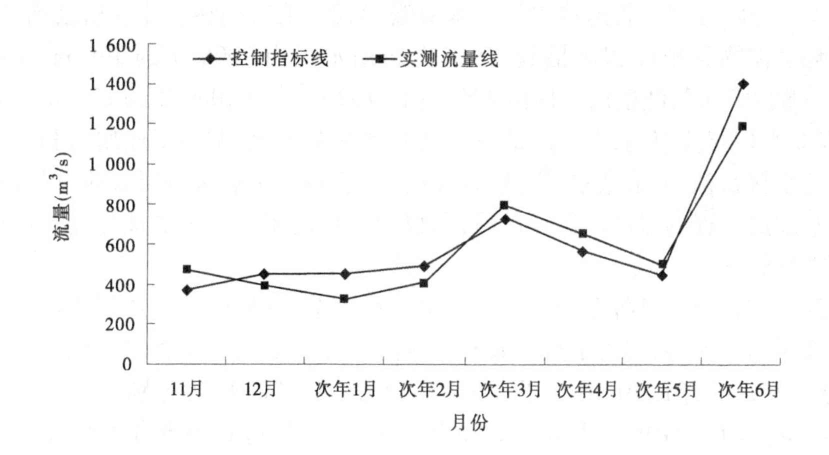

图5-10 2010～2011年逐月实测平均流量与控制指标流量对比图

总的来说,合理的水资源调度控制应按照"丰增枯减"的原则,在保证断面调度控制流量的同时,尽可能使宝贵的水资源得到充分合理的利用。根据前面的分析,《条例》实施以后的年份,水资源的调度控制更为合理,在充分利用水资源的基础上,达到了控制省际断面流量的目的,提高了出境断面达标率。

5.3.4 推动水量调度的技术进步

《条例》的实施促进了水量调度管理科学化、规范化,使得水量调度方面的研究课题逐渐增多,对推动水量调度技术进步有显著作用。

5.3.4.1 促进节水型社会建设

实施《条例》后,改变了人们原来的用水观念,促进了节约用水和水价形成机制的建立。人们对水资源的有偿使用和水价形成机制有了比较深刻的认识,初步形成了依法用水、计划用水和节约用水的科学观念。

农业用水是河南引黄用水大户,农业用水不仅量大,而且用水管理粗放,节水潜力很大。已有几千年历史的黄河灌区,积累了引黄灌溉经验的同时,也沿袭下了几千年来大水漫灌的陋习,大水漫灌不仅浪费水资源,而且水量过多,对作物会产生危害,还会引起土地盐碱化,土地盐碱化越严重,就越得大量灌水压盐碱,形成恶性循环。通过《条例》和《实施细则》对取水总量的控制,使得灌区不再有大水漫灌的条件,促使灌区采取节水的灌溉方式,积极探索发展喷灌、滴灌、渗灌和管道输水等节水灌溉形式。采取调整农业种植结构、减少高耗水作物种植面积等措施，河南亩均用水量由2006年的198 m^3降到2009年的177 m^3，吨粮用水量由2006年的192 m^3降到2009年的171 m^3。此外，建立水权转让市场，在统筹地方经济发展的基础上，调整工业用水和农业用水的水权，将农业节余水量有偿转让给工业项目，工业再投资农业，促进农业节水改造工程的建设。截至目前，水权转让推动了水资源的优化配置和供水市场化管理。

河南省积极促进各工业企业用水单位采取节水措施，把节约用水作为一项重要举措来实施，取得了显著效益。河南省万元工业增加值(含火电)用水量2006年以后降到70 m^3以下，2007年、2008年和2009年分别为68 m^3、53 m^3、52 m^3。万元GDP用水量由2005年的187 m^3降到了2009年的96 m^3。

5.3.4.2 实现非农业用水自动计量

引水计量管理是保证计划用水和水量调度指令执行的关键环节，因农业和非农业用水不明晰，准确核定农业和非农业用水量有很大难度，从保障水资源高效利用、实现功能性不断流调度等方面来说，是很不利的。河南黄河河务局实施"两水分离、两费分计"措施，并制定《河南引黄工程"两水分离、两费分计"管理办法》，规定非农业取水口全部实现自动计量，引水量较大的农业取水口逐步实现自动计量。目前，河南黄河河务局所有非农业取水口门全部安装了自动计量设备，实现自动计量管理。

5.3.4.3 推动实现涵闸远程监控

河南引黄涵闸远程监控系统是确保河南段黄河不断流的有力手段:通过应用涵闸远程监控系统，满足了总调中心远程随时掌握涵闸运行情况的需求，实现了根据实际情况远程随时启闭涵闸闸门功能，为确保不断流赢得了宝贵时间，极大地提高了应对突发事件的反应速度。另外，该系统的应用使原来的现场水量督察变为远程网上督察，最大限度地避免了违规引水事件的发生，有效地维护了水量调度工作的正常秩序，同时提高了各类信息采集的自动化程度，改善了现地涵闸管理人员的生产条件，改变了闸门人工启闭操作和引水信息的人工采集方式，减轻了劳动强度。

5.3.4.4 推动防淤减淤技术创新

通过防淤减淤技术探索，开展拉沙冲淤，购置挖掘机开挖渠道，有效地改善了河南省引水条件，不断完善和提高防淤减淤数据分析能力，通过不断探索，完成《2006年调水调沙后期拉沙冲淤技术分析》和2007年的《河南黄河引黄工程防淤减淤实施方案》,研究在用水高峰、汛期、调水调沙期间等不同情况下的防淤减淤措施,通过适时应用,促进了各涵闸引渠防淤减淤效果,提高了引水效率。

5.3.5 有效兼顾了“三生”用水

2006年《条例》实施后,根据1987年黄河分水方案中分配河南的耗水指标,按总量控制,在统筹考虑了生产、生活、生态用水的基础上,协调安排各市的分配水量,对每年度河南省各地区的取水指标进行控制。根据河南省细化指标,制定各市非汛期控制指标,对各市每月引水量进行严格控制,已达到总量控制的目的,河南黄河2006~2010年非汛期月平均控制指标见表5-8,通过《条例》严格的责任划分和处罚措施规定,确保了各市严格按照控制指标引水,既保证了地方供水,又合理控制了引水量,达到维持河道生态供水的目的。

表5-8 河南黄河2006~2010年非汛期月平均控制指标统计 (单位:亿 m^3)

地区(市)	11月	12月	次年1月	次年2月	次年3月	次年4月	次年5月	次年6月
豫西	0.05	0.04	0.06	0.07	0.07	0.11	0.11	0.12
郑州	0.31	0.28	0.29	0.40	0.51	0.49	0.51	0.49
开封	0.16	0.11	0.23	0.50	0.54	0.50	0.53	0.64
新乡	0.05	0.05	0.10	0.51	0.55	0.44	0.62	1.17
焦作	0.09	0.15	0.10	0.56	0.56	0.40	0.50	0.83
濮阳	0.06	0.08	0.14	0.74	1.66	1.30	1.56	1.88

根据黄河水资源公报数据统计,河南省1998~2009年生活用水量见表5-9,由此可见,自1998~2009年,城镇生活用水量基本持续增加,从图5-11可知,2006年以后生活用水量呈平稳增长态势,在历年黄河来水量不同的情况下,《条例》实施以后,持续增加生活供水的数量,有效保证了生活用水的供应。

表 5-9　河南省 1998 ~ 2009 年生活用水量　（单位：亿 m^3）

年份	1998 年	1999 年	2000 年	2001 年	2002 年	2003 年
耗水量	1.02	1.99	1.57	2.42	2.32	2.2
年份	2004 年	2005 年	2006 年	2007 年	2008 年	2009 年
耗水量	1.86	2.55	2.73	2.96	3.15	3.04

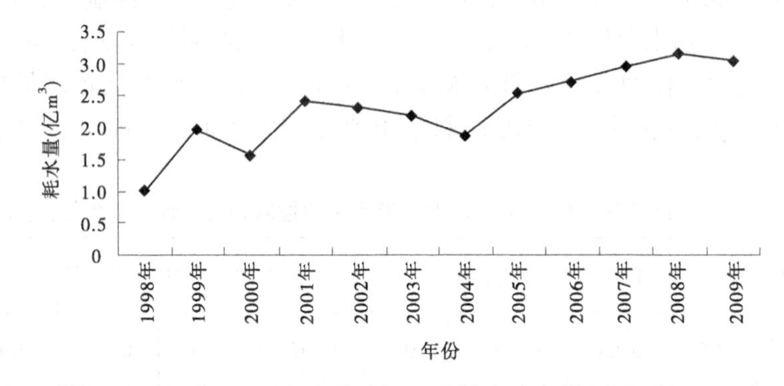

图 5-11　河南省 1998 ~ 2009 年生活用水量变化图

根据黄河水资源公报数据统计，河南省 1998 ~ 2009 年农业灌溉用水量变化情况见表 5-10 和图 5-12。《条例》实施前后，农业用水量基本在 20 亿 ~ 30 亿 m^3 变化，农业用水量基本平稳，不会因为生活用水量的增加占用了农业用水额度，而《条例》实施以后，建立的河南黄河抗旱应急响应机制，保证了在干旱情况下的农业灌溉用水量。

表 5-10　河南省 1998 ~ 2009 年农业引黄灌溉用水量　（单位：亿 m^3）

年份	1998 年	1999 年	2000 年	2001 年	2002 年	2003 年
耗水量	25.64	29.75	26.31	23.55	29.48	21.61
年份	2004 年	2005 年	2006 年	2007 年	2008 年	2009 年
耗水量	19.66	21.08	28.52	23.15	27.03	29.95

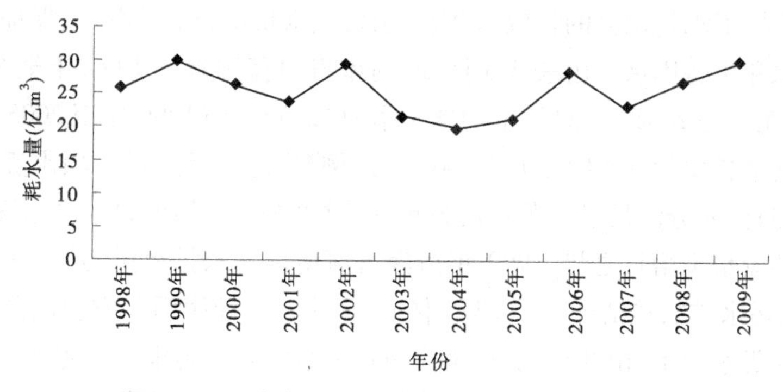

图5-12 河南省1998～2009年农业用水量变化图

《条例》作为国家法规,取水许可控制指标的实施具有强制性作用,有效遏制了各地超额度用水,确保了断面流量控制,在满足生产生活用水的条件下,充分考虑生态需水要求。对有效缓解水资源供需矛盾,满足各方需水要求有显著作用,促进了水资源各行业各地区的科学合理配置。

5.3.6 保障引黄供水安全和国家粮食安全

5.3.6.1 保证引黄供水安全

1997年,黄河发生最严重断流,导致下游引黄灌区农作物减产甚至绝产,自《条例》实施后,黄河水量调度机制逐渐步入正轨,在黄河近年来水总量较少的情况下,未发生断流,提高了供水安全保障程度,城乡居民生活和工业生产用水得到全额保障,改善了供水区的饮水条件和饮水安全。

河南黄河河务局作为河南水量调度管理及监督机构,在制订调度计划和优化配置月、旬调度方案和滚动引水订单时,充分结合各用水户实际需求和来水情况,并在实施过程中,积极协调用户用水指标,在水资源开发利用红线内,优化配置有限的水资源,加强水调督查工作,强化实时调度具体落实,严格执行各项水调指令,规范引水计量管理工作;通过实施各项管理制度,确保各项引黄取水供应到位。自《条例》实施以来,花园口天然径流量(见表5-5)变化不大,基本在400亿～500亿m^3,按丰增枯减的原则,历年分配给河南省的引黄水量相差不大,而由表5-6可知,河南省2006年以来的实际用水量呈增长态势,说明各项管理措施充分落实到位,使得有限的水资源得到优化配置,提高了河南省引黄用水保证程度。

2006年至今,河南省总体未出现超标准用水现象,《条例》的实施极大地维持和支持了水量调度的权威，在满足引黄供水量增长的情况下，保证了河道输沙用水和生态用水。由表5-6可知，河南省引黄用水从1999年至今，呈增长态势，尤其是2006年以后，平均增长率为12.5%，而1999年至2005年的用水量平均增长率为0.48%（见表5-6），《条例》实施以后通过各项水资源管理措施的完善，充分满足了沿黄经济发展用水的需求。然而，随着工业发展，排放入黄的废水呈增长之势，1999年河南黄河境内污水排放量为3.59亿t，到2009年，污水排放量增加为12.245亿t。而满足工业生活及农业灌溉用水的水质需Ⅳ类水以上，由此可见，河南省引黄用水量未受到排入黄河污水量增加的影响，因此《条例》的实施，对保障各行业供水安全有重大作用。

此外，在农业用水保障方面，加强与灌区联系，及时了解引水变化，实时调度，及时处理出现的问题；《条例》实施后，在旱情紧急时，建立的河南黄河抗旱应急响应机制，顺利解决了2008年的旱情，按照既定响应机制实施的河南省抗旱浇麦保丰收工作取得了巨大成绩。尤其在旱情关键时期，河南省境内所有引黄涵闸全部开启，全天候为抗旱用水提供保障，开启的引黄口门数、日引水流量、引水总量、抗旱浇灌面积均创30年以来同期最高。抗旱期间河南省共开启引黄口门38处，所有引黄口门开启至最大程度，其中多年未用水的于店闸也开闸放水，引黄工程日引水流量由最初的30 m^3/s，增至302.47 m^3/s，引水能力提高10倍以上；2008年1～2月，共计抗旱引水6.93亿m^3，比年度取水指标多引水一倍以上；抗旱浇灌面积达885万亩（含滩区110万亩），涵盖河南省沿黄所有中度以上干旱农田，确保了粮食主产区的正常引水灌溉水量，保证了农业灌溉用水。

5.3.6.2 保证灌区灌溉用水，为保障国家粮食安全提供水源

粮食是立国之本、民生之基，河南省作为全国第一产粮大省，粮食总产量连续十多年居全国第一。2009年，国家批复了河南省核心粮食产区建设。河南省是小麦的主要产区，2011年夏粮产量为626.3亿斤，其中小麦产量为624.6亿斤。

中华人民共和国成立以来，河南黄河的引黄灌溉事业得到了很大的发展，据最新统计，河南省共有引黄灌区28处，其中30万亩以上的大型灌区14处。各引黄灌区主要分布在沁河口以下区域，灌区总设计灌溉面积2 270.8万亩（见表5-11）。

统计《条例》实施以来沿黄灌区的种植作物情况（表5-12），可见小麦种植

表 5-11 河南黄河 2000 ~ 2010 年沿黄灌区灌溉面积统计

（单位:万亩）

序号	取水口门	用水灌区	按水文年统计灌溉面积											
			设计	2000 年	2001 年	2002 年	2003 年	2004 年	2005 年	2006 年	2007 年	2008 年	2009 年	2010 年
1	共产主义	武嘉	36	11	10.5	10.3	7.5	6.5	9.5	8.5	8	8.5	8	8.4
2	张菜园	人民胜利渠	148	63.75	58.12	57.58	55.16	55.53	56.94	54.8	51.52	50.6	50.14	50.37
3	老田庵	堤南	19	4.48	4.36	4.52	3.76	3.88	2.65	3.27	2.8	2.73	4.27	3.12
4	韩董庄	韩董庄	58	21	17.16	17.16	13.96	12.18	12.6	12.4	15	8	15.85	15.9
5	柳园													
6	祥符朱	祥符朱	36.5	14	14.5	14	14	14	14	14	14	13	28.1	28.5
7	于店	封丘大功	10	11.7	6	0.8	0	0	0	0	0.25	0	0.2	0.39
8	红旗	新乡市大功	254.3	32.9	26.5	22.6	0.9	0	20	20.58	20.7	26.81	68.12	44.52
		滑县		0	0	0	72	0	33	22	12	21	70	140
9	厂门口	辛庄	28.7	10.7	10.7	10.7	10.7	10.7	10.9	10.6	0	10.7	10.7	12
10	堤湾													
11	辛庄													

续表 5-11

序号	取水口门	用水灌区	按水文年统计灌溉面积											
			设计	2000 年	2001 年	2002 年	2003 年	2004 年	2005 年	2006 年	2007 年	2008 年	2009 年	2010 年
12	禅房	长垣左占	17	5.7	1.5	0	6.5	4	7.94	6.8	9.8	7.7	21	15.3
13	大车集	大车	10	5	0.5	0	1	0	1	0.8	1	1	4	3
14	石头庄	石头庄	35	22	15	15	15	12	16	14	18	17	23	23
15	杨小寨													
16	渠村	渠村	71.6	70.7	73.4	68.6	70.5	72	86.76	90	100	100	130	135
		滑县	5			15	15	18		17	10		2	0
17	南小堤	南小堤	48.21	43	44	44	45	47	48	50	50	5.05	51	51
18	梨园		1.3											
19	王称固	王称固	12	8	10	10	10.1	11		13	13.1	12	12	12
20	彭楼	彭楼	100	28	70	100	98	99	97	99	99	99	98	99
21	邢庙	邢庙	20	16.4	16.1	16.4	16.3	16	16	15.2	15.3	15	15	15.5
22	于庄	于庄	15	6.6	6.5	6.7	7	7.2	7.3	7	7.1	7.2	7.3	7.59

续表 5-11

序号	取水口门	用水灌区	按水文年统计灌溉面积											
			设计	2000 年	2001 年	2002 年	2003 年	2004 年	2005 年	2006 年	2007 年	2008 年	2009 年	2010 年
23	刘楼	满庄	9.47	4.94	4.6	5.41	4.9	5	5.5	5	4.9	4.8	4.5	4.7
24	王集	王集	10.35	6.1	7.7	7.79	5.06	4	4	3.9	4	4.2	4.5	6.8
25	影堂	孙口	10.26	5.82	6.5	9.62	9.4	8.5	8	8.5	9	9	9	9.95
26	东大坝	花园口	24	8	8	6.5	2	6.3	6.3	6.5	6.5	6.5	8	8
27	花园口													
28	马渡													
29	杨桥	杨桥	41.26	7	6	7	5.5	8	7	6.5	6.6	10	10.5	9
30	三刘寨	三刘寨	20	10	9	9	8	6	5.5	7.5	8	6.6	6.6	6.8
31	赵口	赵口	582	33.7	43	19	8.7	53	42.5	3.5	4	33.6	123.4	103.7
32	黑岗口	黑岗口	66	16	16	15	13	13	14	13	12	15	16	18
33	柳园口	柳园口	46	36	36	36	36	36	36	36	45	45	46	46
34	三义寨	三义寨	520	284	276	224.5	114	40	45	38	98	56	186	173
35	王庄闸	王庄	15.8	25	8.7	8.8	8.4	8.2	8.5	8.6	8.1	7.8	7.8	7.4
合计			2 270.8	811.49	806.34	761.98	677.34	576.99	622.39	596.55	654.17	613.04	1 050.6	1 060.6

表 5-12　沿黄灌区(2006～2010 年)种植结构及用水统计

年度	种植结构(万亩)					需水量(万 m^3)	实际用水量(万 m^3)	实际用水量/需水量
	水稻	小麦	玉米	棉花	其他			
2006～2007 年	112.78	815.12	596.12	175.74	251	283 052.6	220 723.50	0.78
2007～2008 年	94.17	1 194	856.9	332.73	206.4	381 893.3	242 042.90	0.63
2008～2009 年	110.26	1 289.11	938.85	320.82	192.72	410 280.5	319 158.20	0.78
2009～2010 年	119.76	1 476.74	1 006.68	136.58	107.4	430 310.5	281 137.25	0.65
2010～2011 年	138.86	1 425.01	979.68	95.21	97.2	419 837.15	272 294.15	0.65

面积逐年增大,2010年度小麦种植面积达1 425.01万亩,按河南省平均亩产值计算,总产量111.44亿斤,占同年河南省夏粮总产量的17.8%。因此,提高河南省灌区用水保证程度,对保障国家粮食安全具有重大作用。从灌区实际用水情况可知,实际用水量与灌溉需水量相比,保持了较大的比率。引黄供水是农业灌溉供水的最大来源,随着沿黄各灌区实际用水量逐年增大,极大地满足了沿黄各灌区的灌溉用水,保证了河南省粮食生产安全。

统计2000~2010年河南省沿黄灌区灌溉情况,见表5-11和图5-13。可以看出,《条例》实施以前,灌溉面积总体呈下降趋势,其中2004年最低,实际灌溉面积仅576.99万亩,《条例》实施以后,实际灌溉面积整体呈增加趋势,至2010年为1 060.6万亩,较之前增加约一倍。灌溉面积的增加,确保了粮食主产区的正常引水灌溉水量,保障了国家粮食安全。

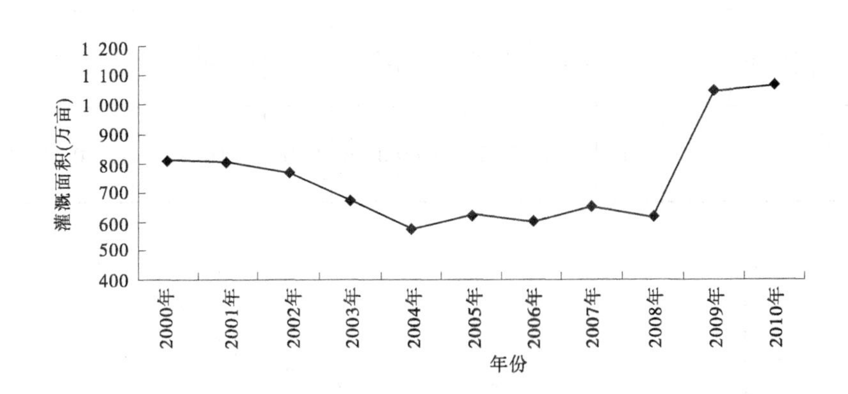

图5-13 2000~2010年河南黄河引黄灌溉面积变化图

5.4 经济和生态效益

5.4.1 经济效益

5.4.1.1 工业、生活供水效益

根据《黄河水资源公报》数据统计,河南省1998~2009年引黄工业用水量见表5-13。

表 5-13　河南省 1998 ~ 2009 年引黄工业用水量

年份	1998	1999	2000	2001	2002	2003	2004	2005	2006	2007	2008	2009
耗水量（亿 m^3）	2.88	2.83	3.59	3.45	4.2	3.37	3.39	4.16	4.9	5.42	7.34	8.26

参考黄河勘测规划设计有限公司2009年编制的《黄河水量统一调度效果评估报告》，采用分摊系数法对工业供水效益进行计算，河南省供水的单方水效益取 8.02 元/m^3，经计算，1998 ~ 2009 年工业供水效益见表 5-14 和图 5-14。

表 5-14　河南省 1998 ~ 2009 年工业供水效益

年份	1998	1999	2000	2001	2002	2003	2004	2005	2006	2007	2008	2009
效益（亿元）	23.10	22.70	28.79	27.67	33.68	27.03	27.19	33.36	39.30	43.47	58.87	66.25
增加值（亿元）	—	-0.40	6.10	-1.12	6.02	-6.66	0.16	6.18	5.93	4.17	15.40	7.38

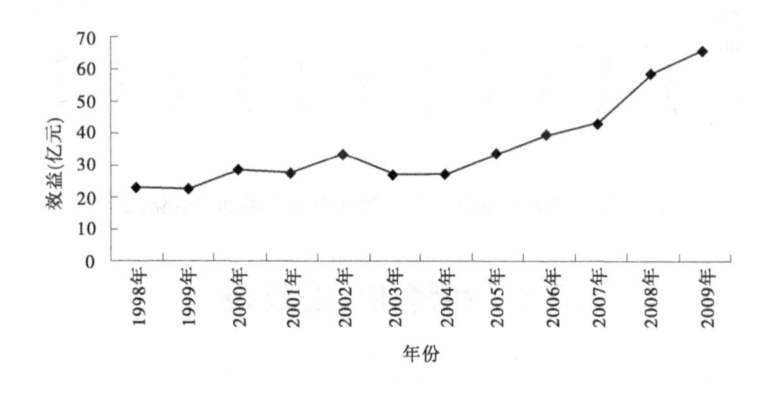

图 5-14　1998 年以来河南省引黄工业供水效益变化图

可以看出，河南省工业供水效益稳步增长，年平均增加值约为 3.92 亿元。2006 年《条例》实施以后增加尤为明显，总供水效益增加值约为 32.88 亿元，年平均增加值约为 8.22 亿元。

根据《黄河水资源公报》数据统计，河南省 1998 ~ 2009 年生活用水量见

表 5-15,根据人均用水量计算出受益人数变化情况,见表 5-15 和图 5-15。

表 5-15 河南省 1998 ~ 2009 年生活用水量统计

年份		1998 年	1999 年	2000 年	2001 年	2002 年	2003 年
耗水量(亿 m^3)	数值	1.02	1.99	1.57	2.42	2.32	2.2
	增长率(%)		95.1	-21.11	54.14	-4.13	-5.17
受益人数(万人)	数值	42.3	92.6	65.1	107.1	120.2	107.8
	增长率(%)	—	118.9	-29.7	64.5	12.2	-10.3
年份		2004 年	2005 年	2006 年	2007 年	2008 年	2009 年
耗水量(亿 m^3)	数值	1.86	2.55	2.73	2.96	3.15	3.04
	增长率(%)	-15.45	37.1	7.06	8.42	6.42	-3.49
受益人数(万人)	数值	93.9	113.3	131.9	134.5	135.8	126.1
	增长率(%)	-12.9	20.7	16.4	2.0	1.0	-7.1

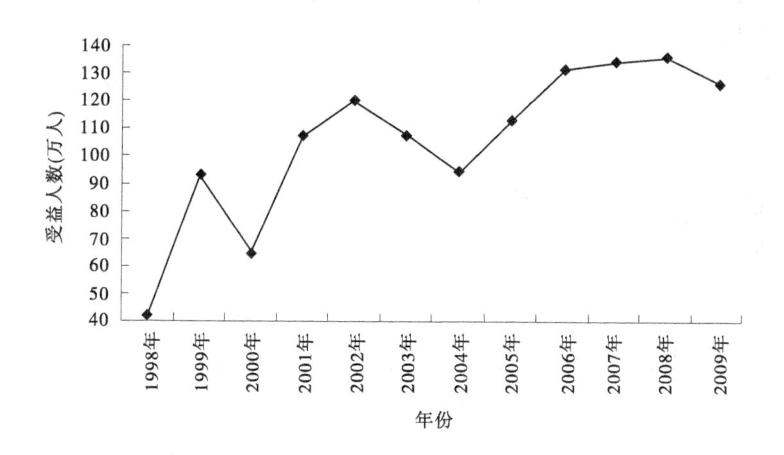

图 5-15 1998 年以来河南省引黄生活供水收益人数变化图

可以看出,《条例》实施以前历年受益人数变化剧烈,年平均受益人数为92.8万人,《条例》实施以后受益人数明显增加,平均为132.1万人,且年际间变化不大。

5.4.1.2　农业灌溉供水效益

1. 作物全生育期水分生产函数模型

作物水分生产函数是反映水分的投入量与作物产量之间的数量关系的一种表现形式。耗水量与产量关系的整个变化过程比较复杂,随着作物耗水量从极少的量(严重干旱)变化到极大的量(严重涝害),作物的产量会从无到有,逐步增加到最大值,然后逐步下降至零。全生育期作物产量与耗水量的关系,国内外多数研究表明其函数形式为二次抛物线,可用下式描述:

$$y = aET_c^2 + bET_c + c \tag{5-1}$$

式中　y——作物产量,kg/m^3;

ET_c——作物耗水量,mm;

a、b、c——回归系数。

作物需水系数 k 表示每公顷土地上每生产1 kg粮食所需要消耗的水量,单位为mm/kg,则作物需水系数 k 与耗水量 ET_c 之间的相互关系为:

$$k = \frac{ET_c}{y} \tag{5-2}$$

以中国农业科学研究院对夏玉米的研究为例,其产量、需水系数与耗水量的关系见图5-16。

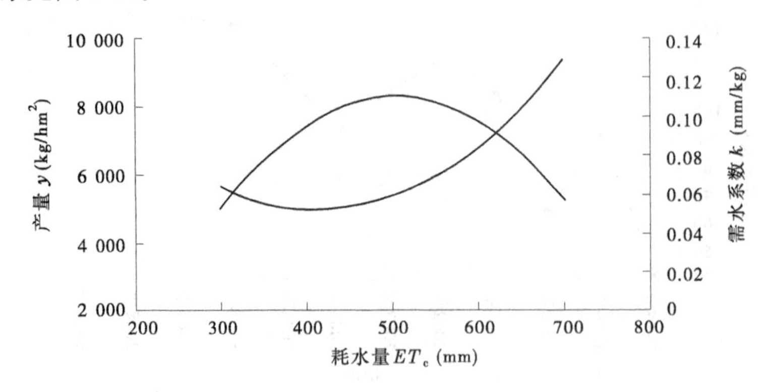

图5-16　夏玉米产量、需水系数与耗水量关系图

可以看出,随着耗水量的不断增加,作物产量与需水系数的变化可以分为

三个阶段。

(1)第一阶段,$ET_c=0\sim ET_c(k_{min})$。这一阶段,随着耗水量增加,产量在快速提高,需水系数线则不断降低,并在阶段结束处达到最低点。说明灌溉水的产出投入比是在不断提高的,因此在这一阶段应尽可能地加大灌溉水量。

(2)第二阶段,$ET_c(k_{min})\sim ET_c(y_{max})$,这一阶段中,产量还在持续增长,但增长速率已经低于第一阶段,需水系数 k 也开始增加。说明灌溉水的产出投入比率开始出现负增长,即增加单位产量平均消耗的水量开始增加。

(3)第三阶段,$ET_c(y_{max})$右边。这一阶段,随着耗水量的增加,产量开始下降,表明继续增加灌溉水量已经开始对作物的正常生长发育产生负面影响,在生产实际中不允许出现这种情况。综上所述,$ET_c(k_{min})\sim ET_c(y_{max})$是耗水量的适宜区间,应以此区间的数据计算灌溉效益。

2. 农业供水效益估算

河南省主要种植冬小麦、夏玉米和棉花。本次采用的作物种植结构为:冬小麦 70%,夏玉米 70%(复种),棉花 30%;生长期有效降水量分别为 138.8 mm、187.9 mm、326.5 mm;农产品价格采用:小麦 1.7 元/kg、玉米 1.5 元/kg、棉花 14 元/kg;灌溉效益分摊系数取 0.4。

根据中国农业科学研究院对华中地区主要农作物耗水量与产量关系研究成果,河南省主要作物水分生产函数中的参数见表 5-16。

表 5-16 河南省主要作物水分生产函数中的参数

系数	冬小麦	夏玉米	棉花
a	-0.045 2	-0.065 7	-0.015 2
b	49.49	53.58	14.3
c	-7 441.55	-3 302.49	-2 287.5
$ET_c(k_{min})$	405.75	224.20	387.93
$ET_c(y_{max})$	547.46	407.76	470.39

根据以上分析的河南省主要作物水分生产函数、作物种植结构、农产品价格、灌溉效益分摊系数等参数,计算出在 $ET_c(k_{min})$条件下,灌溉单方水效益为 1.27 元/m^3,在 $ET_c(y_{max})$条件下,灌溉单方水效益为 0.98 元,则灌溉单方水平均效益为 1.13 元。

由前面5.3.5小节的河南省1998～2009年农业灌溉用水量(见表5-10)，按灌溉单方水效益1.13元/m^3计算，河南省历年引黄农业灌溉效益见表5-17和图5-17。

表5-17　河南省1998～2009年农业灌溉供水效益

年份	1998年	1999年	2000年	2001年	2002年	2003年
效益(亿元)	28.97	33.62	29.73	26.61	33.31	24.42
增加值(亿元)	—	4.64	-3.89	-3.12	6.70	-8.89
年份	2004年	2005年	2006年	2007年	2008年	2009年
效益(亿元)	22.22	23.82	32.23	26.16	30.54	33.84
增加值(亿元)	-2.20	1.60	8.41	-6.07	4.38	3.30

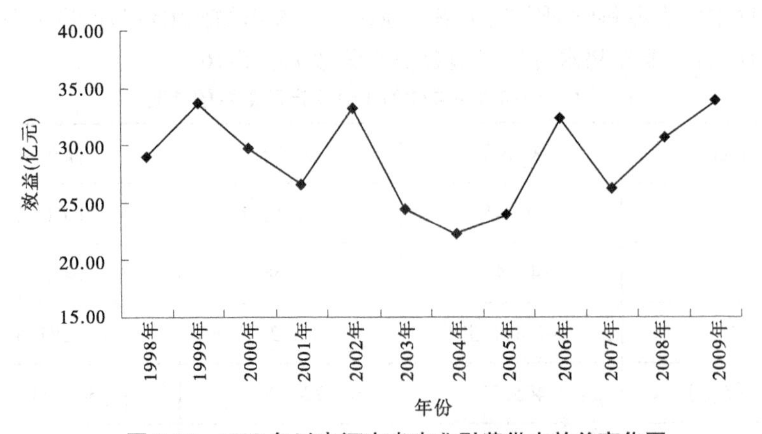

图5-17　1998年以来河南省农业引黄供水效益变化图

可以看出，总体上农业灌溉供水效益年际间变化不大，2005年以前总体呈下降趋势，《条例》实施以后，整体上呈增加趋势，2009年较2005年增加约10.02亿元，平均每年增加约2.51亿元。上述效益为农业灌溉供水量增加所产生的直接灌溉经济效益，事实上，农业灌溉效益还表现为节水效益，由于农业灌溉节水措施的投入，可弥补农业灌溉供水量减少的效益和增加灌溉供水量不变条件下的效益,因此《条例》实施以后的供水效益增加值要大于上述计算值。

5.4.1.3 促进国民经济的发展

《条例》实施后,建立了新的水量调度管理模式,提高了水量调度的行政执行力度,进一步促进了水资源的优化配置,提高了水资源的利用效率。

《条例》的实施,推进了各项管理制度的完善,保证了河南黄河沿线用水,促进了河南沿黄经济发展,同时,严格控制高村断面流量,确保下游用水需求,为下游的经济发展奠定基础,取得了良好的直接和间接效益。

自 2006 年以来,随着工业供水量的增加,河南省工业供水效益稳步增长。由 2005 年工业供水量 4.16 亿 m^3,增加到 2009 年的 8.26 亿 m^3,《条例》实施后总供水效益增加值为 32.88 亿元,年平均供水效益增加值为 8.22 亿元。

河南省为全国重要的粮食生产基地,通过《条例》和各项配套法规的建设,推进水价改革,促进灌区节水措施和节水设施的建设,有利于提升农业灌溉用水效率;降低水成本,水量调度的执行力度增强,水资源得到充分利用和合理配置,农业、河道内生态用水和工业生活用水分配比例趋于更加合理。因此,农业灌溉效益对国民经济的影响要大于实际灌溉效益的增加量。

5.4.2 生态效益

5.4.2.1 改善水质

地表水质逐年恶化是全球性环境问题,20 世纪 90 年代,黄河断流严重,河道萎缩,在河道内流量减小的情况下,水体自净能力降低,但废污水仍源源不断地排入黄河,污染物在河道内大量积存,造成复流时水质严重恶化。

《条例》实施以前,黄河上游河段超引水情况严重,水量统一调度执行力度偏弱,不能对超标引水起强有力的遏制作用,造成下游河道稀释用水不能达到原预定水量,因此水质恶化情况不能得到有效缓解。根据《河南省水资源公报》,统计 1999 ~2009 年不同水质类别河长占黄河流域河南段监测总河长的百分比(见表 5-18),2003 年以后,监测河段不变,长 660 m,其中 2003 ~2005 年河道水质无明显改善,到 2006 年以后,河道内水质变化较大,通过河流自净作用,劣于Ⅴ类水质河段长度总体呈现下降趋势,部分河段水质提升为Ⅴ类水。满足工农业用水区及景观娱乐用水区水质要求的河段维持在稳定状态,基本保持不变,保障了各方用水需求。

表 5-18 不同水质类别河长占黄河流域河南段总监测河长的百分比

年度	Ⅰ类	Ⅱ类	Ⅲ类	Ⅳ类	Ⅴ类	劣于Ⅴ类	三类及优于三类
1999 年	9.5	5.2	10	2.6	16.9	55.8	24.7
2000 年	4.3	5.2	20.4	15.6	26.4	28.1	29.9
2001 年		16.7	17.4	9.1	9.1	47.7	34.1
2002 年		26.5		16.7	7.6	49.2	26.5
2003 年	25	9.1	9.1			56.8	43.2
2004 年	25	9.1	9.1			56.8	43.2
2005 年	34.1	9.1				56.8	43.2
2006 年	25.8	8.3	9.1	4.5		52.3	43.2
2007 年	16.7	8.3	0	4.5		70.5	25
2008 年	16.7	0	8.3	0	15.9	59.1	25
2009 年	16.7	0	8.3	21.2	19.7	34.1	25

5.4.2.2 滩区湿地环境改善

黄河小浪底以下河道大部分为宽浅游荡型，由于黄河携带大量泥沙进入下游，加上河道摆动频繁及汛期漫滩，造成黄河滩涂此起彼伏，水流分汊在河床中留下许多夹河滩，一些低洼地常年积水，形成了特殊的黄河河道湿地。

河南省黄河流域湿地总面积约 17.6 万 hm^2，因湿地特殊的生态效益，黄河滩区湿地已基本成立自然保护区，其中，在三门峡、焦作、济源和洛阳的数百里沿黄滩区，建立了 6.8 万 hm^2 的黄河湿地自然保护区，在郑州、开封黄河滩区建立了 5.4 万 hm^2 的湿地自然保护区，在豫北黄河故道建立的湿地鸟类国家级自然保护区 2.3 万 hm^2，以上保护区共 14.5 万 hm^2，已基本涵盖了河南省黄河滩区的湿地走廊。

20 世纪 90 年代，黄河干流断流问题严重，下游河道湿地水量减少，湿地面积逐渐萎缩，湿地生态系统的正常发育受到严重破坏，保护区的物种多样性衰减，河道湿地难以发挥其作为重要水禽栖息地及调节气候、净化黄河水体的正常功能，湿地面积逐年减少。随着黄河统一水量调度的实施，黄河下游断流状况得到遏制，自 1999 年至今，黄河下游不再出现断流，《条例》的实施，使得水量调度的执行力度增强，目前湿地面积虽然仍在减少，但通过断面流量控制，保证生态用水，可基本维持湿地面积的稳定，缓解湿地面积的减少趋势。而下一阶段水量调度的重点由实现黄河不断流转变为实现功能性不断流，功能性不断流指标体系包括河道生态用水，将维持湿地面积的流量作为控制指标，该指标体系的建立将进一步促进黄河下游河道湿地稳定发育，充分发挥河道湿地作为重要水禽栖息地及调节气候、净化黄河水体的正常功能。

5.4.2.3 地下水

受地下水开采过度的影响，黄河流域地下水资源逐年减少，黄河流域浅层地下水开采率已达到 85% 以上，长期透支地下水，导致部分地区出现区域地下水位下降，最终形成区域地下水位的降落漏斗。目前，黄河流域河南境内出现安阳—鹤壁—濮阳漏斗区和武陟—温县—孟州漏斗区两处较大的地下水位降落漏斗区。

《条例》实施后，提高了水量调度的行政执行效力，保证了沿黄各地的农业灌溉和河道外生态用水的充分供给，增加了对地下水的补充，同时加大了地下水开采治理力度，禁止地下水超采，遏制了漏斗地区的地下水降落日益严重的趋势。

表 5-19 和图 5-18、图 5-19 分别为上述两个漏斗区面积和中心水位埋深变化情况。安阳—鹤壁—濮阳漏斗区较大，2006 年以后漏斗区地下水位较之前逐渐回升，漏斗区面积基本稳定；武陟—温县—孟州漏斗区较小，2006 年以后地下水位基本稳定，漏斗区面积较之前有明显的降低，且保持稳定。在用水矛盾日益突出的现状条件下，《条例》各项措施的落实起到了遏制漏斗地区的地下水降落和漏斗区面积增加的作用。

表 5-19　河南区域浅层地下水降落漏斗区面积及中心水位埋深变化情况

漏斗区	年份	面积（km^2）	中心水位埋深（m）	漏斗区	年份	面积（km^2）	中心水位埋深（m）
安阳—鹤壁—濮阳	1998 年	6 292	22.42	武陟—温县—孟州	1998 年	780	27.01
	1999 年	7 208	30.99		1999 年	998	22.28
	2000 年	5 648	30.65		2000 年	910	21.86
	2001 年	6 958	27.85		2001 年	920	22.22
	2002 年	7 219	29.7		2002 年	1 089	22.15
	2003 年	6 317	30.06		2003 年	715	20.84
	2004 年	6 128	28.07		2004 年	532	19.28
	2005 年	6 305	29.62		2005 年	429	20.21
	2006 年	6 584	29.72		2006 年	419	18.86
	2007 年	6 590	29.72		2007 年	426	19.44
	2008 年	6 801	27.12		2008 年	430	20.28
	2009 年	7 012	24.51		2009 年	500	20.95

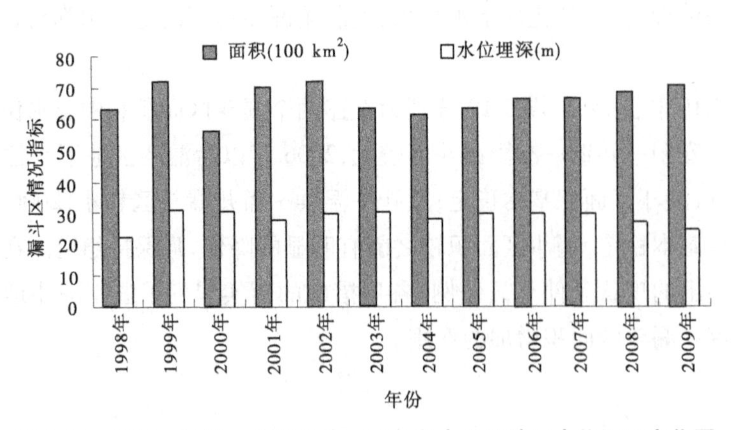

图 5-18　安阳—鹤壁—濮阳漏斗区面积和中心区地下水位埋深变化图

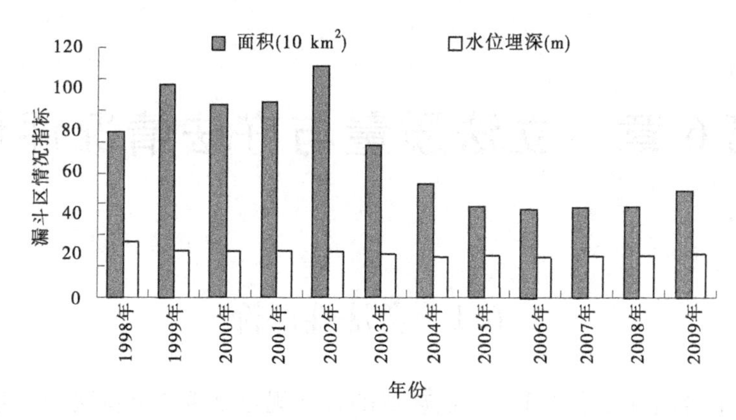

图 5-19 武陟—温县—孟州漏斗区面积和中心区地下水位埋深变化图

第6章 立法质量与守法情况评价

6.1 合法性评价

法的合法性是指法律、法规、规章的各项规定是否与上位法相一致，尤其是出台了新的上位法或者上位法进行修订的；没有上位法的，要看是否符合我国的立法精神和原则，是否与国家政策相一致。

《条例》依据是《中华人民共和国水法》(简称《水法》)《中华人民共和国防洪法》(简称《防洪法》)《中华人民共和国行政处罚法》(简称《处罚法》)上位法而制定，符合中央关于依法治国的基本方略和全面推进依法行政的总体部署，符合科学发展观和可持续发展的现代治水思路，充分体现了合法性。

6.1.1 《水法》符合性评价

《条例》作为国务院的法规，是根据《水法》而制定的，是在《水法》的基本框架下，结合黄河自身的特点要求，进一步具体细化而建立起的一套符合黄河自身特点的管理制度和措施，其规定是符合《水法》相关要求的。

《条例》的第一条明确了制定《条例》的目的是实现黄河水资源的可持续利用，促进黄河流域及相关地区经济社会发展和生态环境的改善。符合《水法》第一条阐述的立法目的是实现水资源的可持续利用，适应国民经济和社会发展的需要。

《条例》第二条规定了适用范围，符合《水法》第二条规定的在中华人民共和国领域内开发、利用、节约、保护、管理水资源。

《条例》第三条规定实施黄河水量调度，应当首先满足城乡居民生活用水的需要，合理安排农业、工业、生态环境用水，防止黄河断流。符合《水法》第四条规定的发挥水资源的多种功能，协调好生活、生产经营和生态环境用水相一致，并进行了具体细化。

《条例》第五条规定的管理体制，符合《水法》第十二条国家对水资源实行流域管理与行政区域管理相结合的管理体制的规定，及第十三条国务院有关部门按照职责分工,负责水资源开发、利用、节约和保护的有关工作。县级以上地方人民政府有关部门按照职责分工,负责本行政区域内水资源开发、利用、节约和保护的有关工作。

《条例》第六条表彰奖励,符合《水法》第十一条在开发、利用、节约、保护、管理水资源和防治水害等方面成绩显著的单位和个人,由人民政府给予奖励的规定。

《条例》第七条规定国务院批准的黄河水量分配方案,有关地方人民政府和必须执行符合《水法》第四十五条的规定。

《条例》第八条制定水量分配应当遵循的原则,符合《水法》第二章水资源规划及第三章水资源开发利用的有关规定。

《条例》第三章水量调度规定和第四章应急调度,符合《水法》第五章水资源配置和节约使用的规定。

《条例》第五章监督管理,符合《水法》第六章水事纠纷处理与执法监督检查的有关规定。

《条例》第六章法律责任,符合《水法》第七章法律责任的有关规定。

从上述对比分析可以看出,《条例》正是按照《水法》的规定,针对黄河水资源统一管理和调度的实际需求制定的法规,是对《水法》的规定在黄河水量调度方面的具体细化,保持了《条例》和《水法》的子法和母法的关系和有机衔接。

6.1.2　《防洪法》符合性评价

《防洪法》主要是为了防治洪水,防御、减轻洪涝灾害需制定的法律,《条例》主要是针对防止黄河断流制定的水量调度管理的法规,两者没有相冲突的规定。在《条例》第四条规定黄河水量调度计划、调度方案和调度指令的执行,实行地方人民政府行政首长负责制,与《防洪法》第三十八条防汛抗洪工作实行各级人民政府行政首长负责制相一致。《条例》第七条黄河水量分配方案报国务院批准,与《防洪法》第十条防洪规划报国务院批准相一致。《条例》第八条制订水量分配方案应依据流域规划与《防洪法》第九条防洪规划应当服从所在流域的综合规划相一致。

6.1.3　《行政处罚法》符合性评价

《行政处罚法》是为了规范行政处罚的设定和实施,保障和监督行政机关有效实施行政管理,维护公共利益和社会秩序,保护公民、法人或者其他组织的合法权益而制定的法律,适用于行政处罚的设定和实施。公民、法人或者其他组织违反行政管理秩序的行为,应当给予行政处罚的,应依照《行政处罚法》由法律、法规或者规章规定。《行政处罚法》对部门规章设定行政处罚的权限做出了明确的限定,包括对罚款额度的限定和行政处罚种类的限定。《行政处罚法》第十二条第一款、第二款规定:国务院部、委员会制定的规章可以在法律、行政法规规定的给予行政处罚的行为、种类和幅度的范围内做出具体规定。尚未制定法律、行政法规的,前款规定的国务院部、委员会制定的规章对违反行政管理秩序的行为,可以设定警告或者一定数量罚款的行政处罚。罚款的限额由国务院规定。

《条例》第三十九条规定:违反本条例规定,有关用水单位或者水库管理单位有下列行为之一的,由县级以上地方人民政府水行政主管部门或者黄河水利委员会及其所属的管理机构按照管理权限,责令停止违法行为,给予警告,限期采取补救措施,并处2万元以上10万元以下罚款。共涉及两项行政处罚,分别是警告和罚款。《条例》属国务院颁布的法规性文件,在警告的基础上,设定的2万元以上10万元以下罚款限额符合《行政处罚法》第八条规定的行政处罚种类的规定。

在对《条例》立法后评估的调查中,水行政主管部门有57%、用水管理机构有62%、社会公众有55%的人认为《条例》的规定与《水法》《防洪法》《行政处罚法》等法律的规定相一致。

通过上述对《水法》《防洪法》《行政处罚法》等上位法的符合性评价,《条例》的制定符合上位法的规定。

6.2 协调性评价

协调性即与同阶位的立法是否存在冲突,与规定的制度是否衔接。2006年国务院颁布的《取水许可和水资源费征收条例》作为《条例》的同位阶立法,需要比较评价其协调性。

一是两者都是根据《水法》制定的条例,在立法依据上相一致;二是《取水许可和水资源费征收条例》第三条及《条例》第五条的规定的管理体制相一致,均是县级以上人民政府水行政主管部门和黄河水利委员会所属管理机构,负责实施和监督管理;三是两者规定的用水顺序相一致,两条例都规定首先满足城乡居民生活用水,合理安排农业、工业、生态环境用水;四是两条例都规定对用水实行总量控制;五是《取水许可和水资源费征收条例》第三十九条规定国家确定的重要江河、湖泊的流域年度水量分配方案和年度取水计划,由流域管理机构会同有关省、自治区、直辖市人民政府水行政主管部门制定,与《条例》第七条黄河水量分配方案,由黄河水利委员会商十一省区市人民政府制定相一致;六是《条例》第九条规定的黄河水量分配方案需要调整的,应当由黄河水利委员会商十一省区市人民政府提出方案,经国务院发展改革主管部门和国务院水行政主管部门审查,报国务院批准,与《取水许可和水资源费征收条例》第四十条取水单位或者个人因特殊原因需要调整年度取水计划的,应当经原批准机关同意的规定相一致;七是两者对进行监督检查时规定的有权采取的措施相一致,对监督检查人员的行为规范的规定相一致;八是《条例》第三十九条规定的罚款2万元以上10万元以下,与《取水许可和水资源费征收条例》第五十一条的规定相一致。

由上述可见,《条例》和《取水许可和水资源费征收条例》保持了较好的协调性。

6.3 合理性评价

合理性即各项规定是否符合公平、公正原则,是否符合立法目的,所规定的措施和手段是否适当、必要;可以采用多种方式实现立法目的的,是否采用对当事人权益损害最小的方式;有关法律责任设定是否适当。

6.3.1 《条例》体现的公平、公正原则评价

公平、公正不仅是《行政许可法》的基本原则,也是现代行政法的基本原则。公平最重要的价值是保障法律面前人人平等和机会均等,避免歧视对待。公正是相对于行政机关而言的,它维护正义和中立,防止徇私舞弊。公平强调实质正义和实体正义,核心是平等的。公正强调形式正义和程序正义,核心是无私和中立。

《条例》第二条规定:黄河流域的青海省、四川省、甘肃省、宁夏回族自治区、内蒙古自治区、陕西省、山西省、河南省、山东省以及国务院批准取用黄河水的河北省、天津市(以下称十一省市)的黄河水资源调度和管理,适用本条例。从适用范围上包含了黄河流域各行政区及国务院批准取用黄河水的河北省、天津市,充分保障了黄河流域在利用黄河水资源上的平等和机会平等;《条例》第八条制订水量调度方案,应遵循“统筹兼顾生活、生产、生态环境用

水:正确处理上下游、左右岸关系;科学确定河道输沙入海水量和可供水量”,体现了上下游、左右岸的公平性,生活、生产、生态环境用水的公平性,经济社会发展用水和河流健康用水的公平性。

《条例》第十一条、第十二条、第十八条、第二十条对年度水量调度计划的申报、批准、下达、控制、调整做出一整套的规定。同时《条例》第四章应急调度,对应急调度的实施条件、方案的制订、组织实施规定、各用水户的义务等做了程序规定,充分体现了程序的正义。

在对《条例》立法后评估水行政主管部门的调查中,认为《条例》在年度水量分配方案和调度计划制订以及水量调度执行情况的监督等方面符合公平、公正的原则占57%;认为《条例》在水文测验数据方面符合公平、公正的原则占64%。

总之,《条例》的制定符合公平、公正原则,符合立法的目的。

6.3.2 《条例》体现法律责任的合理性评价

法律责任的合理性是指关于法律责任的设定是否合理。《条例》第六章法律责任中规定了依法给予处分、行政处罚、治安管理处罚、追究刑事责任等。

处分是对负有责任的主管人员和其他责任人员,由其上级主管部门、单位或者监察机关依法给予处分。《条例》第三十五条、第三十六条、第三十七条、第三十八条、第三十九条都有处分的规定,是为了严肃纪律,规范行为,保证依法履行职责,对违反《条例》应当承担纪律责任给予的处分。从法律责任上是较轻的,对各级水行政主管部门和取水管理单位以及水库运行管理单位适用处分,有力保障了黄河水量调度方案和调度指令的有效执行。设置处分是必要的,也是合理的。

行政处罚是为了保障和监督行政机关有效实施行政管理,维护公共利益和社会秩序,保护公民、法人或者其他组织的合法权益。《条例》第三十九条规定了适用于行政处罚的规定。主要处罚的是有关用水单位或者水库管理单位有下列行为之一的,责令停止违法行为,给予警告,限期采取补救措施,并处2万元以上10万元以下罚款;(一)虚假填报或者篡改上报的水文监测数据、取用水量数据或者水库运行情况等资料的;(二)水库管理单位不执行水量调度方案和实时调度指令的;(三)超计划取用水的。此三项规定都是从维护公共利益和社会秩序,保护公民、法人或者其他组织的合法权益而设置的。设置的行政处罚规定有力地保障了水量调度方案和实时调度指令的执行,减少了超计划取用水行为的发生,设置行政处罚是合理的。

治安管理处罚是为维护社会治安秩序,保障公共安全,保护公民、法人和其他组织的合法权益而制定的。《条例》第四十条规定:违反本条例规定,有下列行为之一的,由公安机关依法给予治安管理处罚:(一)妨碍、阻挠监督检查人员或者取用水工程管理人员依法执行公务的;(二)在水量调度中煽动群众闹事的。此二项规定扰乱了水量调度的公共秩序,妨害了公共安全,侵犯了人身权利、妨害了社会管理,具有社会危害性,但是尚不够刑事处罚的,给予治安管理处罚是合理的。

刑事责任是依照《中华人民共和国刑法》的规定构成犯罪的,依法追究刑事责任。刑法的制定是为了惩罚犯罪,维护社会秩序。与治安管理处罚的区别是,是否构成犯罪。《条例》第三十六条、第四十条规定对构成犯罪的依法追究刑事责任。所列的行为均扰乱了社会秩序,造成严重的后果,追究刑事责任是十分合理的。

6.4　可操作性评价

可操作性,即规定的执法体制、机制、措施是否明确,法律、法规是否能有针对性地解决实际中的问题,各项内容是否符合高效、便捷的原则,各程序是否科学具体、易于操作。简单地说,就是所立的法规条文,要有针对性、适用性,要管用、实用,能解决实际问题。《条例》的可操作性具体表现在:一是《条例》制定的目的和适用范围界定清晰。《条例》第一条明确了《条例》制定的目的,第二条明确界定了《条例》的适用范围。二是《条例》对主体的职责划分十分明确。《条例》明确规定了国务院、国务院水行政主管部门、国务院发展改革主管部门、黄河水利委员会及所属管理机构、十一省区市的地方人民政府和水行政主管部门、水库主管部门或者单位等主体的权力、义务和责任。三是《条例》规定了年度水量调度计划的制订程序和原则,并且建立了协调协商机制。四是行政处罚的情形规范、细化,自由裁量权不大。《条例》第三十九条规定了适用于行政处罚的三种情形,规定明确,适用的行政处罚有警告和罚款,特别是罚款规定的明确,且自由裁量权不大。五是建立了完备的应急调度体系。六是监督管理手段操作性强。《条例》规定黄河水利委员会及其所属管理机构、县级以上地方人民政府水行政主管部门,应当在各自的职责范围内实施巡回监督检查,在用水高峰时对主要取(退)水口实施重点监督检查,在特殊情况下对有关河段、水库、主要取(退)水口进行驻守监督检查;发现重点污染物排放总量超过控制指标或者水体严重污染时,应当及时通报有关人民政府环境保护主管部门。七是法律条文准确、规范、严谨、简练、通俗。《条例》中用语如“黄河水量调度”“水量调度计划”“调度方案”“调度指令”“国务院水行政主管部门”“国务院发展改革主管部门”“县级以上人民政府水行政主管部门”“黄河水利委员会所属管理机构”“罚款”等的表述是准确的，对个别专业术语也进行了解释，如“可供水量”。

在对《条例》立法后评估的调查中，水行政主管部门有69.78%的人、用水管理机构有79.8%的人、社会公众有79.8%的人认为《条例》的可操作性强，能够切实解决实际问题。

6.5　完备性评价

完备性是指一部法律、法规或规章所规定的各项制度和措施是否完备，配套制度是否健全。

6.5.1　《条例》规定的各项制度和措施完备

《条例》规定了水量调度原则、行政首长和主要领导负责制，明确了水量调度管理体制，制定了黄河水量分配制度，完善了水量调度的方式方法、规范了年度水量调度计划的制订程序和原则，建立了协商机制、应急调度体系、断面流量控制制度、监督检查等制度和措施，并制定了相应的罚则和奖励制度，涵盖了黄河水量调度的方方面面，使《条例》从整体上达到了完备。

6.5.2　配套制度健全

2007年水利部颁布了《实施细则》，明确了黄河水量调度的精度控制要求、支流水量调度管理的模式，规定了干流控制断面预警流量和重要支流控制断面最小下泄流量和对应的保证率，以及责任人名单、用水和水库运行计划建议、用水统计资料报送、水量调度公告与通报的时限要求等，对《条例》进行了细化，使黄河水量调度法制更为完备。

2008年7月1日，黄委颁布《黄河流域应急抗旱预案（试行）》，该预案规定了区域干旱、可供水量不足、断面流量预警等三类干旱事件和红、橙、黄、蓝四个预警等级及有关各方相应的响应行动。2008年9月16日，《黄河水量调度突发事件应急处置规定（修订）》施行，使《条例》在应急调度方面更加完备。

在对《条例》立法后评估的调查中，水行政主管部门有60.29%的人、用水管理机构有 81.5% 的人、社会公众有 81.5% 的人认为《条例》制度完备。

6.6　实效性评价

实效性即立法是否能够得到普遍遵守和执行，是否实现立法预期的效果。

在对《条例》立法后评估的调查中，水行政主管部门了解《条例》基本内容的占 59%；认为《条例》有存在必要性的达 96%；认为《条例》宣传力度大的占 46%；认为《条例》在加强黄河水量调度管理，保障黄河不断流，促进黄河流域地区经济社会发展方面发挥作用显著的达 57%；了解应急调度实施条件的占 37%；清楚单位水量调度的控制断面的占 65%。认为《条例》执行总体情况较好的占 57%；认为下达的月、旬水量调度方案执行效果好的占 39%；认为在日常管理中掌握控制断面径流的动态变化的占 78%。

在对《条例》立法后评估的调查中，用水管理机构了解《条例》基本内容的占 76%；认为《条例》有存在必要性的达 95%；认为《条例》宣传力度大的占 61%；认为《条例》在加强黄河水量调度管理，对保护母亲河的作用显著的达 73%；了解《条例》中向黄河水利委员会申报黄河干、支流的年度和月、旬用水计划建议具体要求的占 51%；知道在正常水量调度时，本单位执行的调度指令发布方水行政部门具体名称的占 91%；认为《条例》的实施对本单位的取用水的影响是有利的占 78%；对小浪底执行水量调度指令的情况表示满意的占 66%；实施应急调度时，认为所在单位完全按照调度实施方案实行的占 90%；认为《条例》执行总体情况较好的占 77%；依照《条例》要求，黄河水量调度由非汛期扩展至全年，干流调度河段上延至龙羊峡水库，并对部分实施支流水量调度，认为这一空间、时间范围上的扩展合适的占 74%；了解对违反《条例》的单位或个人的惩罚措施的占 54%。

在对《条例》立法后评估的调查中，社会公众认为所在地区非常缺水的占 18%；了解《条例》的基本内容的占 27%；认为《条例》有存在必要性的占 82%；认为《条例》宣传力度大的占 37%；认为《条例》在加强黄河水量调度管理，对于保护母亲河的作用显著的占 50%；认为《条例》对其所在区域的社会经济发展作用显著的占 36%；认为《条例》中水量调度方案的执行到位的占 32%；《条例》确立的水量分配、调度（包括应急调度）制度完备并符合黄河水资源管理实际的占 40%；认为《条例》的实施对促进节约用水作用大的占 64%；认为《条例》的实施从总体上达到了促进水资源优化配置和可持续利用目的的占 36%。

通过问卷调查、实地调查以及座谈讨论的结果可以表明,《条例》自颁布实施以来,得到了较好的贯彻和执行,黄河水量调度能够有序进行,执法人员以及行政管理相对人的法律意识都有所增强,法制观念深入人心,基本达到了立法的预期目的。

第 7 章 《条例》立法后评估问卷调查分析

本次问卷调查是河南黄河实施《黄河水量调度条例》效果评估的重要环节，主要针对《黄河水量调度条例》(以下简称《条例》)和《黄河水量调度条例实施细则》(以下简称《实施细则》)的实施效果和执行情况进行调查。本次问卷调查主要采取抽样调查的方式，由课题研究组区分不同的调查对象，分别设计调查问卷并负责问卷调查的组织实施工作。

7.1 问卷的发放及回收说明

《条例》评估于 2011 年 9 月正式下发调查问卷，共 3 500 份，截至 2011 年 10 月 1 日之前，共收回调查问卷 3 427 份，共 6 个市的单位填写提交了调查问卷。所收回问卷中，24 份为无效问卷，其余皆为有效问卷。

7.2 调查问卷的主要结构

调查对象分为三类：一是水行政主管部门(各市县区河务局)，共下发 2 000份；二是用水管理机构(灌区管理单位)，共下发 1 000 份；三是社会公众，共下发 500 份。针对水行政主管部门的调查问卷，侧重于调查《条例》的实施效果、执行是否到位以及影响《条例》的贯彻实施的主要问题等；针对用水管理机构的调查问卷，侧重于调查对《条例》执行后的水量调度实施情况、《条例》的协调性、合理性等；针对社会公众的调查问卷，侧重于调查对《条例》的了解、认同程度以及对《条例》实施效果、合理性等方面的评价。

7.3 调查问卷反映的主要情况

调查问卷显示，《条例》在宣传贯彻、制度设计、实施效果等方面得到了调查对象的广泛认可，其本身的价值性、规范性、科学性、合理性、协调性也在实际操作中得到了充分的体现。从总体上来说,《条例》的实施效果良好,内容具体、明确、制度完备,在一定程度上能切实解决问题,有较高的社会公众认知度,成效是明显的。

在调查选项的设计中,对《条例》在水调管理、组织建设和强化水量调度指令强制力度等方面产生的作用,以及《条例》实施过程中存在的问题进行了主要作用和问题的设计,统计结果显示,普遍认为《条例》在水调管理等方面产生重要作用,但在《条例》实施过程中仍存在用水监管不全面等问题。

总体结果显示,在《条例》宣传力度、应急调度实施条件的了解程度、控制断面了解程度、其他法律法规的了解程度、水行政主管部门有权采取的措施了解程度等方面存在认识度不够的问题,尚需加大《条例》及水量调度知识的宣传力度,加大各方在水量调度管理等各方面的参与程度,进一步加大信息披露公开。

下面就按调查对象的不同对调查问卷的情况进行概述。

7.3.1 水行政主管部门

7.3.1.1 《条例》总体评估情况

在接受调查的机构中,了解《条例》基本内容的占59%;认为《条例》有存在必要性的达96%;认为《条例》宣传力度大的占46%;认为《条例》在加强黄河水量调度管理、保障黄河不断流、促进黄河流域地区经济社会发展方面发挥作用显著的达57%;了解应急调度实施条件的占37%;清楚单位水量调度的控制断面的占65%。详细统计结果见图7-1~图7-10。

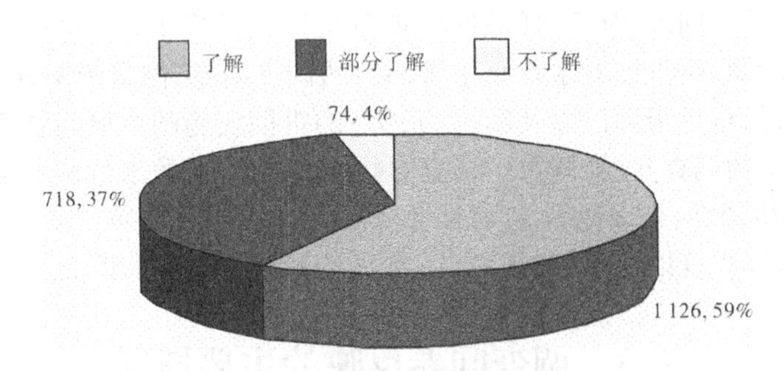

注:左边数字为问卷数量,右边数字为百分比,下同

图7-1 《条例》基本内容了解情况统计图

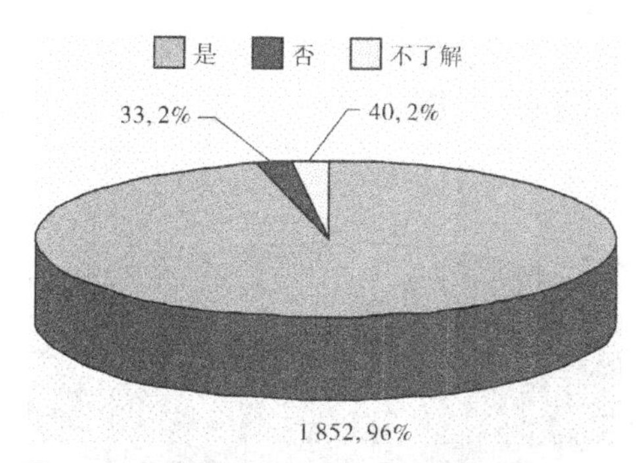

图 7-2 对《条例》存在必要性调查结果统计图

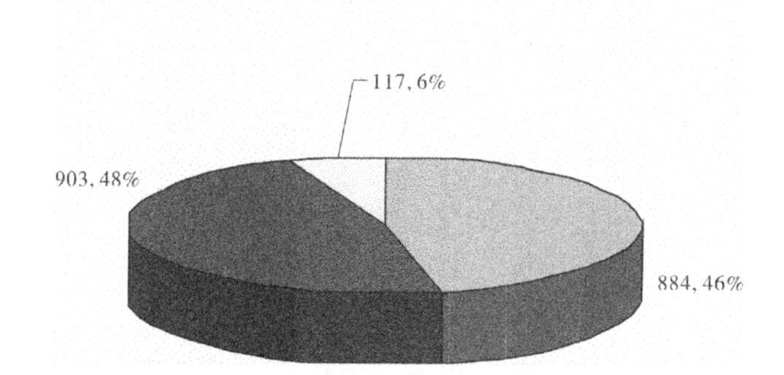

图 7-3 对《条例》宣传力度调查结果统计图

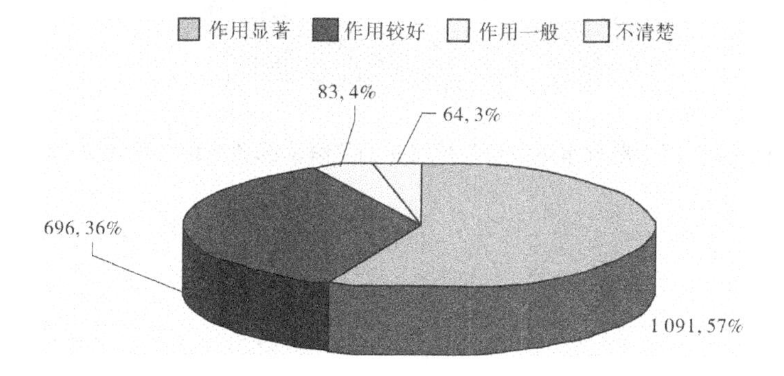

图 7-4 《条例》在加强黄河水量调度管理等方面作用调查结果统计图

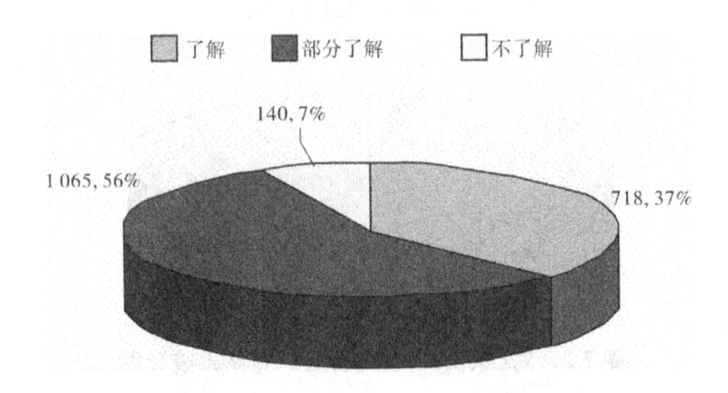

图 7-5　对应急调度实施条件了解情况调查结果统计图

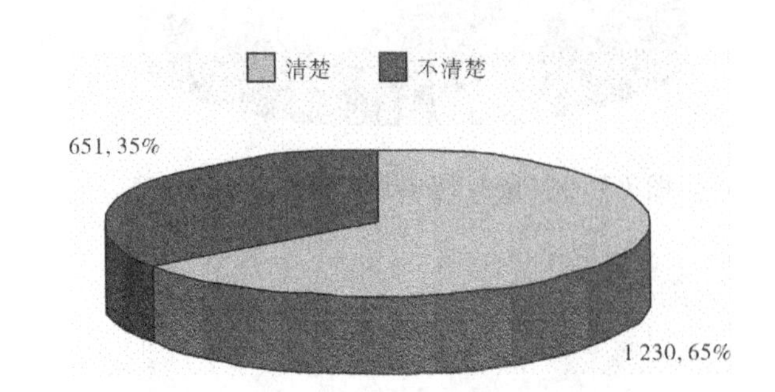

图 7-6　对本单位水量调度的控制断面了解情况调查结果统计图

选项	A	B	C	D	E
问题	用水监管不全面	支流调度管理体制不健全	内容可操作性不强，仍需完善	水量调度工作经费不足	其他问题
比例	62.0%	47.4%	51.6%	76.5%	2.1%

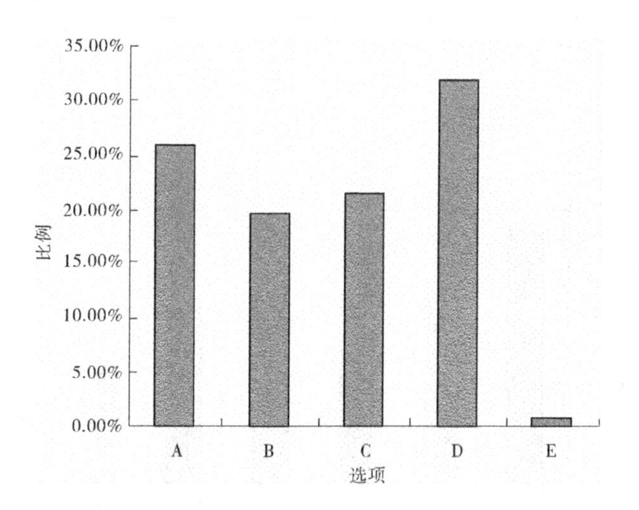

图 7-7 对《条例》实施存在的问题调查结果统计图

选项	A	B	C	D	E	F	G
作用	明确了国务院发展与改革行政主管部门、国务院水行政主管部门、黄河流域及相关地区人民政府及其水行政主管部门、黄委及所属各级管理机构、水库主管和管理单位等责任主体的职责和权限	完善了在旱情紧急情况下的行政首长负责制	增强了实施《黄河可供水量分配方案》的强制执行力	规定了黄河重要支流的水量调度方法	完善了黄河水量调度管理制度	完善了特殊情况下的水量调度制度及工作机制	加强了监督检查制度和处罚措施
比例	89.8%	71.6%	72.0%	72.0%	67.6%	50.9%	36.4%

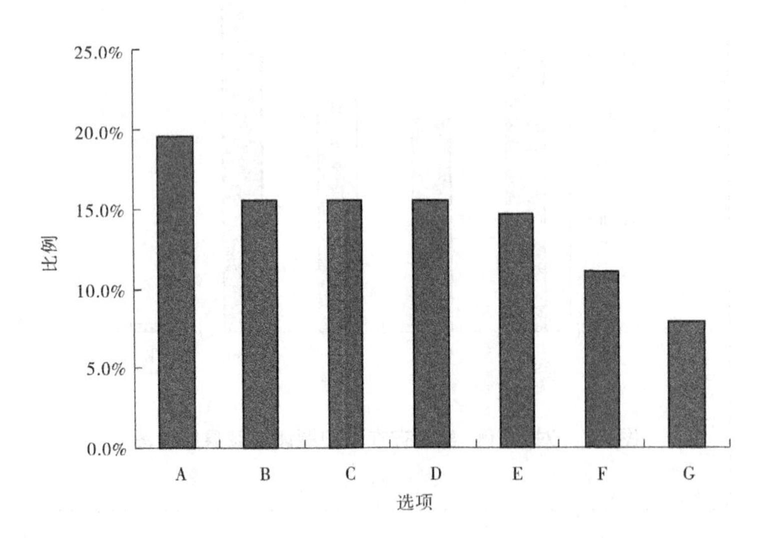

图 7-8　对《条例》实施后发挥的作用的调查结果统计图

选项	A	B	C	D
措施	及时压减取水量,直至关闭取水口	实施水库应急泄流方案	加强水文监测	对排污企业实行限产或者停产等处置措施
比例	85.9%	82.7%	73.3%	62.7%

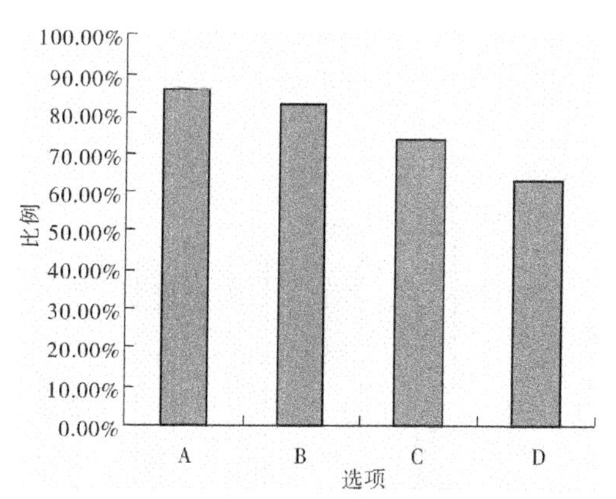

图7-9 对出现重大事故水行政主管部门采取的措施了解情况调查结果统计图

选项	A	B	C	D	E
措施	要求被检查单位提供有关文件和资料，进行查阅或者复制	要求被检查单位就执行本条例的有关问题进行说明	进入被检查单位生产场所，进行现场检查	对取(退)水量进行现场监测	责令被检查单位纠正行为
比例	91.1%	85.5%	85.6%	76.6%	49.0%

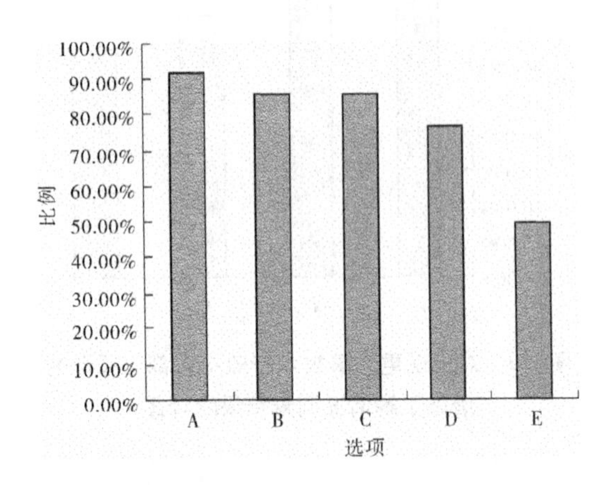

图 7-10　对水行政主管部门实施监督检查有权采用的措施了解情况调查结果统计图

7.3.1.2 《条例》贯彻实施情况评估

在接受调查的机构中，认为《条例》和《实施细则》执行总体情况较好的占57%；认为备案制度设计合理、切实可行的占66%；认为《条例》的贯彻执行中受到行政干预因素制约很严重的占12%；认为下达的月、旬水量调度方案执行效果好的占39%；认为在日常管理中掌握控制断面径流的动态变化的占78%。详细统计结果见图 7-11 ~ 图 7-15。

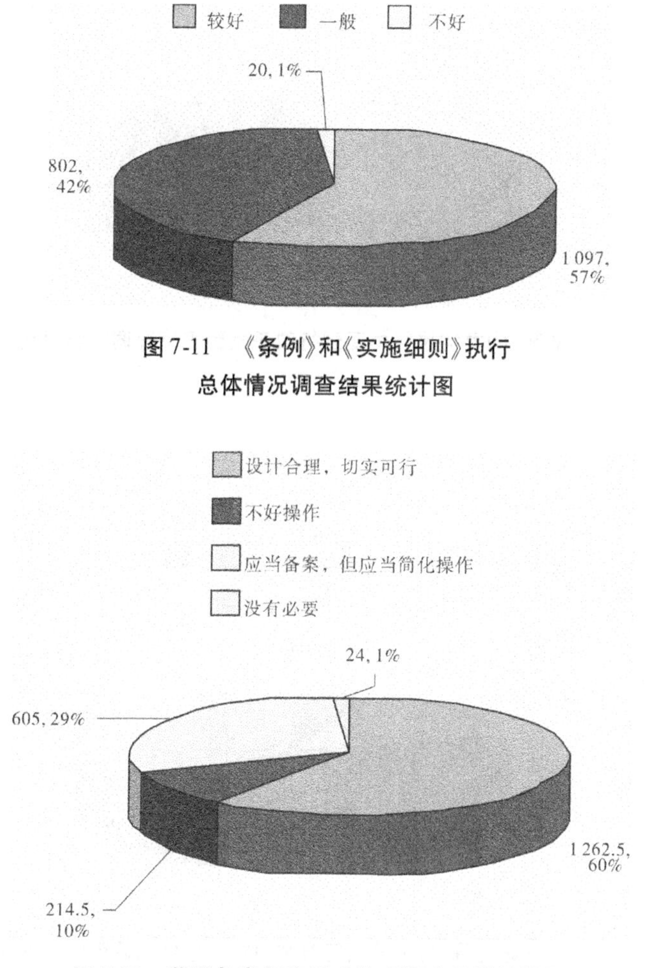

图 7-11 《条例》和《实施细则》执行总体情况调查结果统计图

图 7-12 黄委备案制度反响情况调查结果统计图

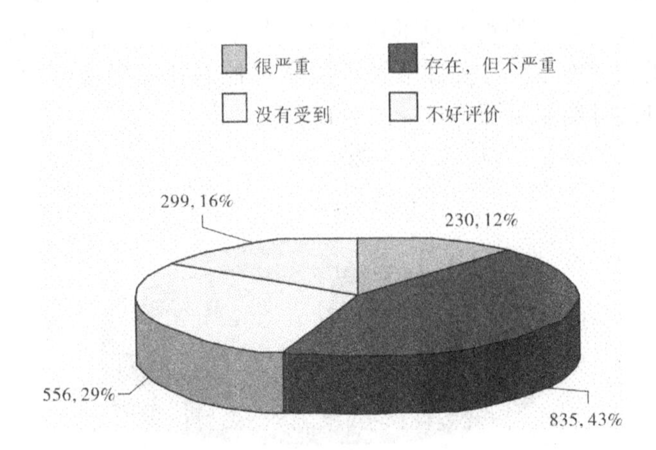

图 7-13 《条例》的贯彻执行中受到行政干预因素情况调查结果统计图

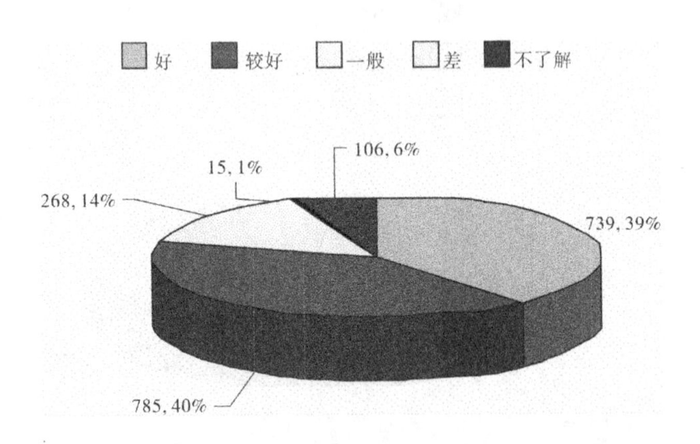

图 7-14 对下达的月、旬水量调度方案执行效果情况调查结果统计图

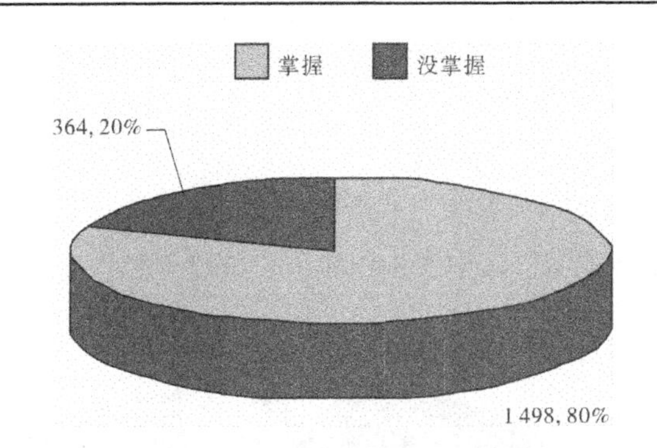

图7-15 日常管理中掌握控制断面径流的动态变化情况调查结果统计图

7.3.1.3 立法与守法质量评估

认为《条例》的内容与《行政许可法》《水法》等法律法规的规定协调一致的占57%；认为《条例》在年度水量分配方案和调度计划制订以及水量调度执行情况的监督等方面符合公开、公平、公正的原则占57%；认为《条例》在水文测验数据方面符合公开、公平、公正的原则占64%；除了《条例》和《实施细则》知道其他有关水量调度的政策、法规的占44%；其他法律法规主要为《水法》和《黄河水量调度管理办法》，少量为《黄河下游订单供水管理办法》。从立法技术角度对《条例》和《实施细则》进行评价的调查结果显示，《条例》和《实施细则》基本符合规范性和科学性。详细统计结果见图7-16～图7-21。

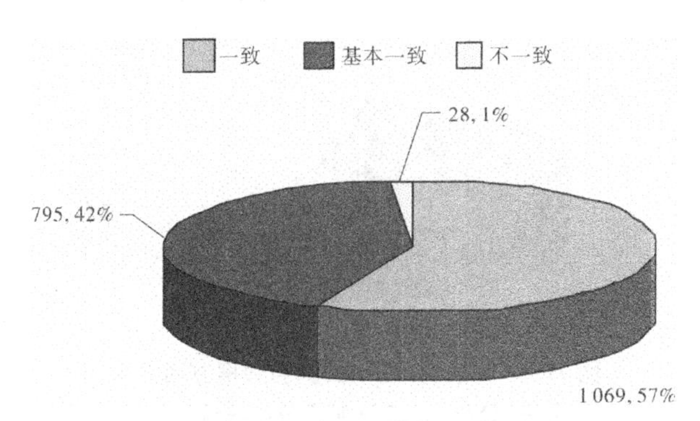

图7-16 《条例》的内容与《行政许可法》《水法》等法律法规的规定协调一致情况调查结果统计图

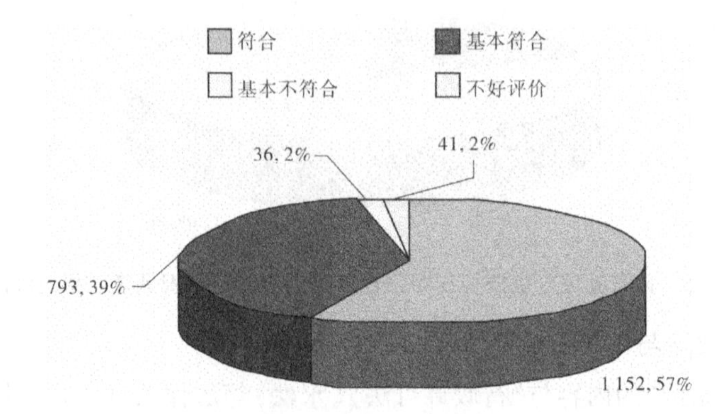

图 7-17 《条例》在管理方面符合公开、公平公正原则情况调查结果统计图

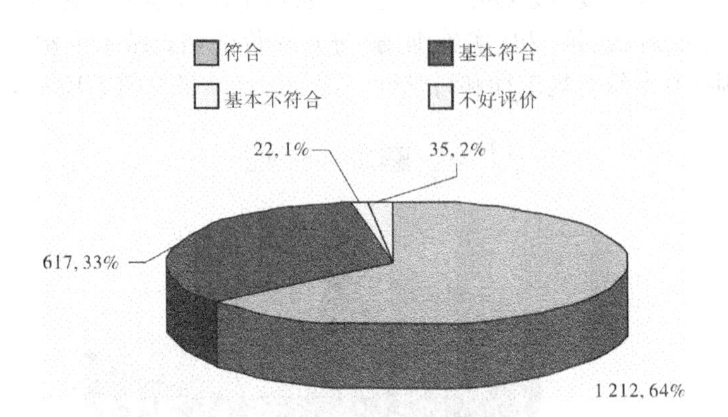

图 7-18 《条例》在水文测验数据方面符合公开、公平、公正原则调查结果统计图

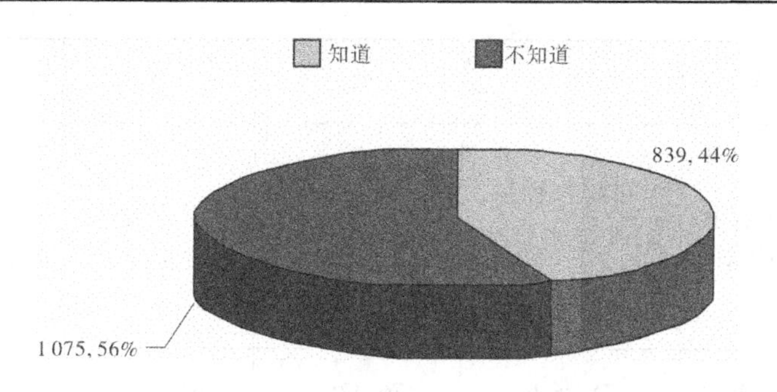

图 7-19 除《条例》和《实施细则》外是否知道其他有关政策法规调查结果统计图

选项	A	B	C	D	E
评价	内容具体、明确	可操作性强,能够切实解决问题	制度完备,内在逻辑性强	语言规范、简洁、准确	立法质量不高,需要改进
比例	78.48%	69.78%	60.29%	67.20%	8.03%

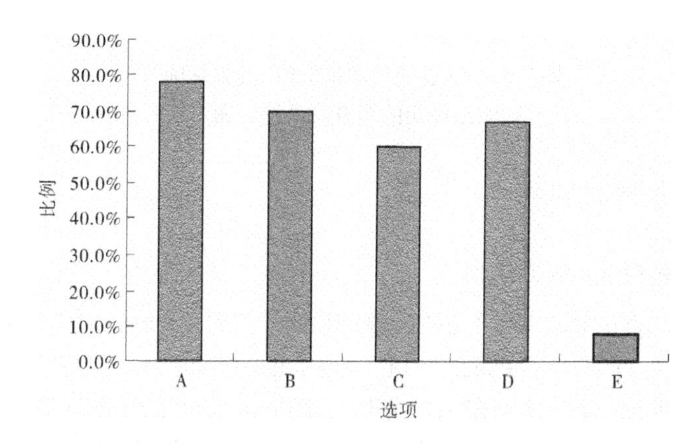

图 7-20 从立法技术角度对《条例》做出评价的调查结果统计图

选项	A	B	C	D	E
评价	内容具体、明确	可操作性强，能够切实解决问题	制度完备，内在逻辑性强	语言规范、简洁、准确	立法质量不高，需要改进
比例	81.53%	74.26%	76.47%	61.13%	5.42%

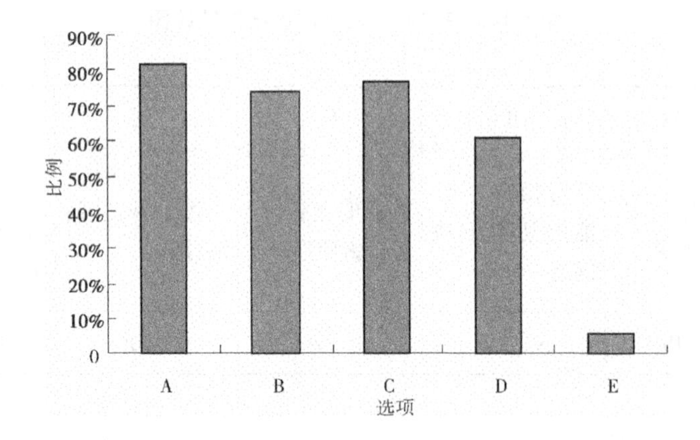

图7-21 从立法技术角度对《实施细则》做出评价的调查结果统计图

7.3.2 用水管理机构

7.3.2.1 《条例》总体评估情况

在接受调查的机构中，了解《条例》基本内容的占76%；认为《条例》有存在必要性的达95%；认为《条例》宣传力度大的占61%；认为《条例》在加强黄河水量调度管理，对保护母亲河的作用显著的达73%；了解《条例》中向黄河水利委员会申报黄河干、支流的年度和月、旬用水计划建议的具体要求的占51%；知道在正常水量调度时，本单位执行的调度指令发布方水行政部门具体名称的占91%；认为《条例》的实施对本单位的取用水的影响是有利的占78%。详细统计结果见图7-22～图7-29。

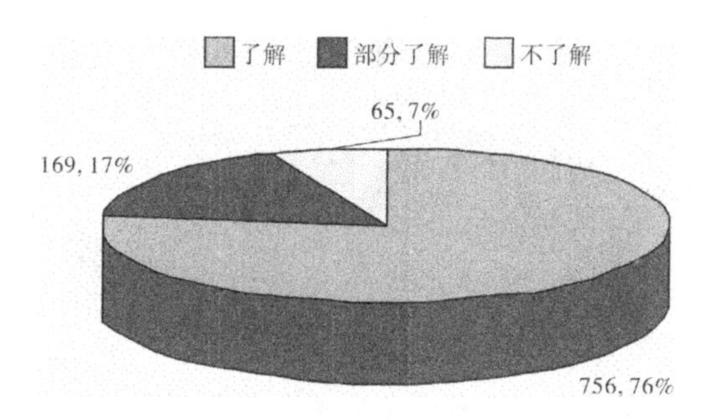

图7-22 《条例》基本内容了解情况统计图

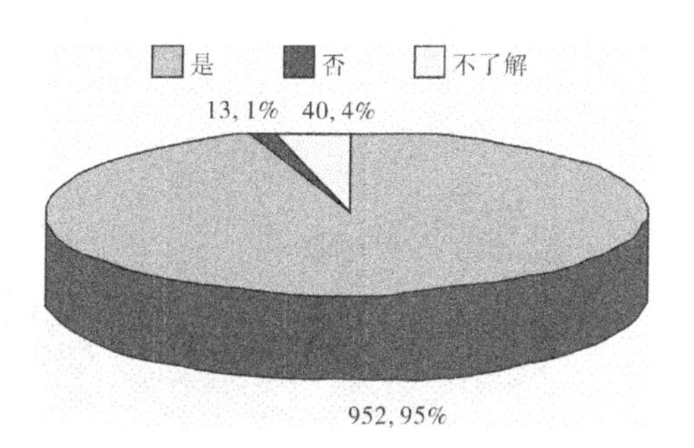

图7-23 对《条例》存在必要性调查结果统计图

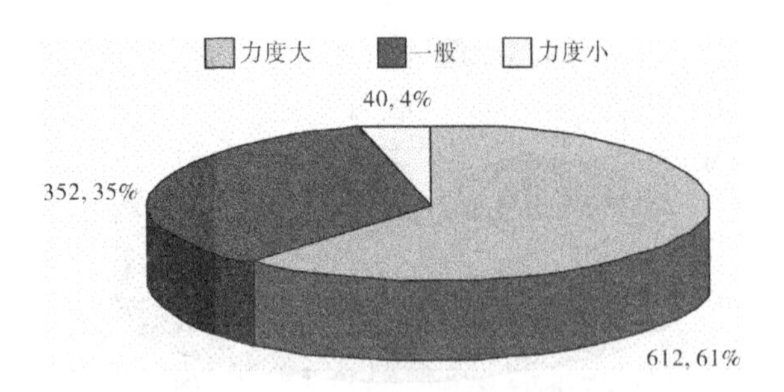

图 7-24　对《条例》宣传力度调查结果统计图

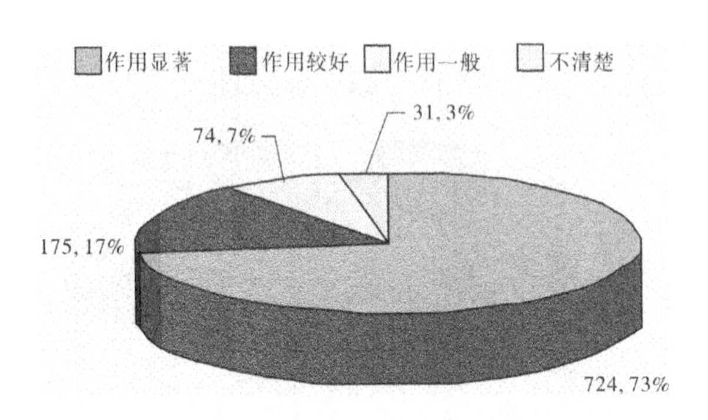

图 7-25　《条例》在加强黄河水量调度管理等方面作用调查结果统计图

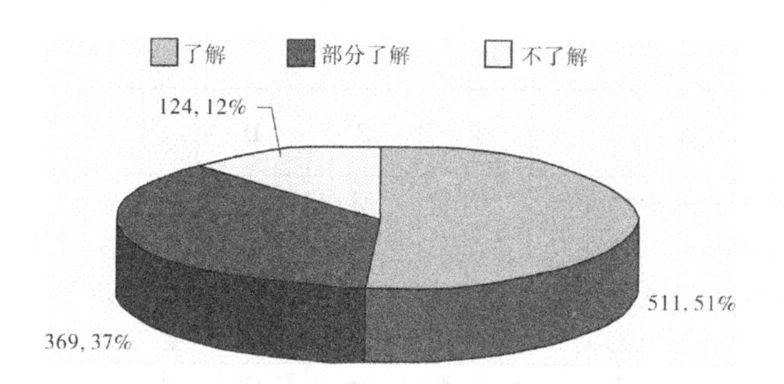

图7-26 了解《条例》中向黄委申报用水计划建议具体要求的调查结果统计图

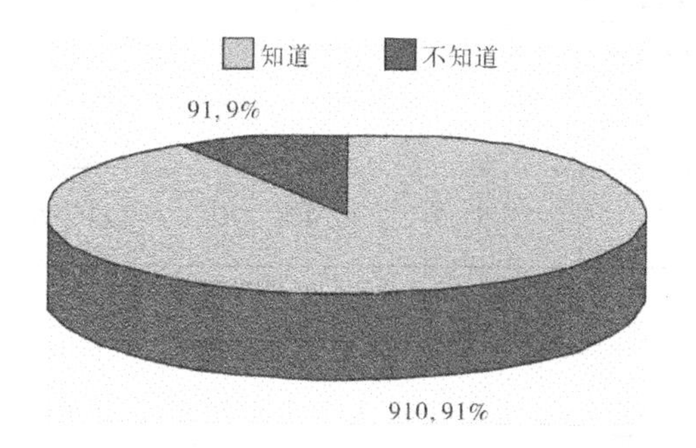

图7-27 是否知道本单位在正常水量调度时执行哪个水行政部门的调度指令的调查结果统计图

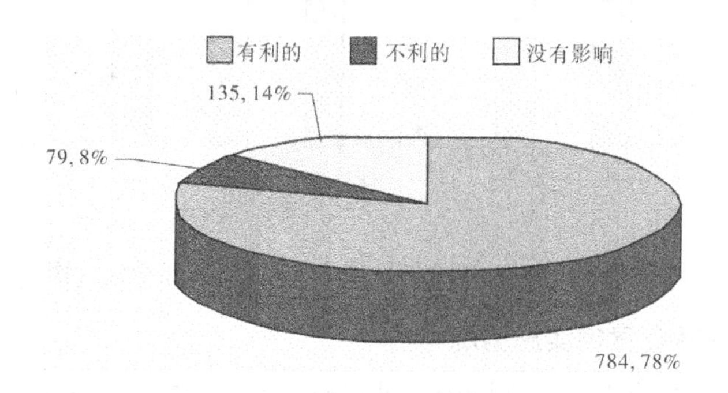

图7-28 《条例》的实施对本单位的取用水的影响的调查结果统计图

选项	A	B	C	D	E	F	G
作用	明确了国务院发展与改革行政主管部门、国务院水行政主管部门、黄河流域及相关地区人民政府及其水行政主管部门、黄委及所属各级管理机构、水库主管和管理单位等责任主体的职责和权限	完善了在旱情紧急情况下的行政首长负责制	增强了实施《黄河可供水量分配方案》的强制执行力	规定了黄河重要支流的水量调度方法	完善了黄河水量调度管理制度	完善了特殊情况下的水量调度制度及工作机制	加强了监督检查制度和处罚措施
比例	87.1%	57.1%	75.4%	62.3%	69.8%	63.5%	36.1%

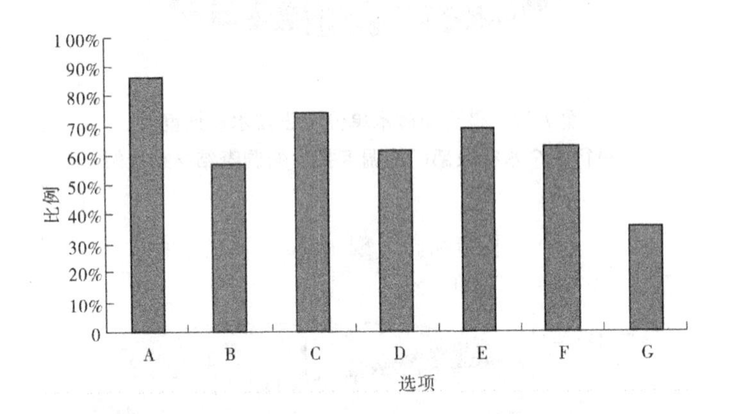

图7-29 《条例》实施后发挥的作用的调查结果统计图

7.3.2.2 《条例》贯彻实施情况评估

在接受调查的机构中，对小浪底执行水量调度指令的情况表示满意的占66%；实施应急调度时，认为所在单位完全按照调度实施方案实行的占90%；认为《条例》执行总体情况较好的占77%；依照《条例》要求，黄河水量调度由非汛期扩展至全年，干流调度河段上延至龙羊峡水库，并对部分实施支流水量调度,认为这一空间、时间范围上的扩展合适的占 74%;了解对违反《条例》的单位或个人的惩罚措施的占 54%;除了《条例》和《实施细则》知道其他有关水量调度的政策、法规的占 52%;其他法律法规主要为《水法》。详细调查结果见图 7-30 ~ 图 7-35。

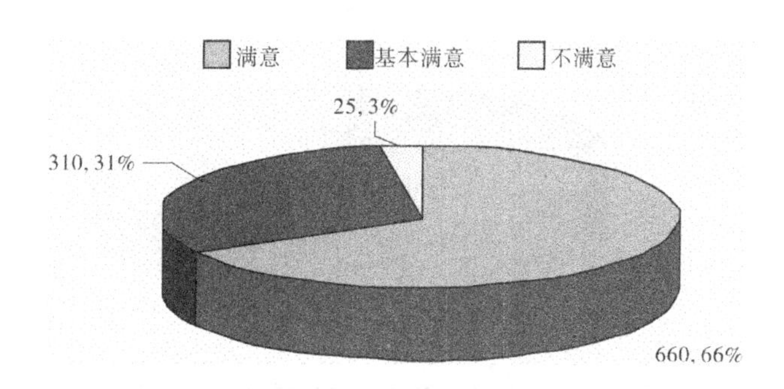

图 7-30 对小浪底执行水量调度指令的情况满意度的调查结果统计图

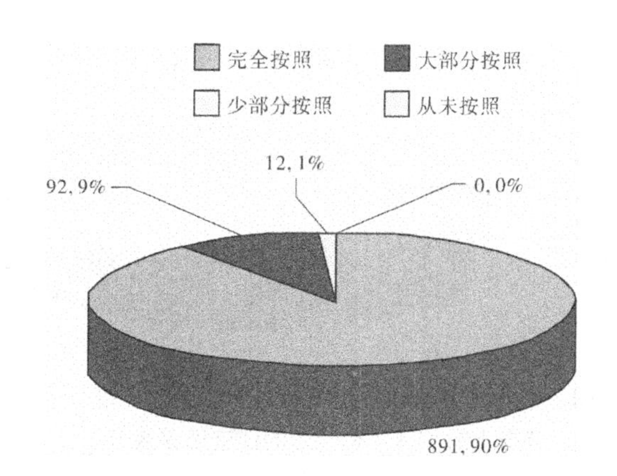

图 7-31 实施应急调度时所在单位是否按照调度实施方案执行的调查结果统计图

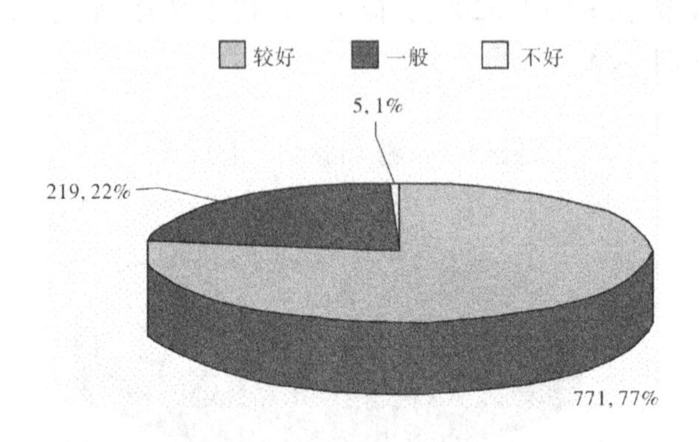

图 7-32 《条例》执行总体情况的调查结果统计图

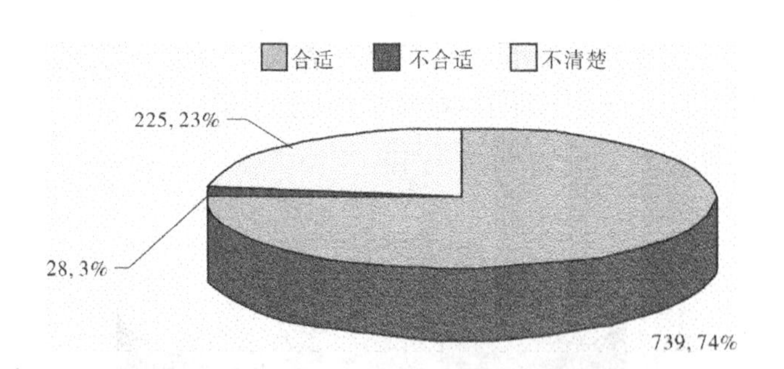

图 7-33 认为《条例》规定黄河水量调度空间、时间范围上的扩展是否合适的调查结果统计图

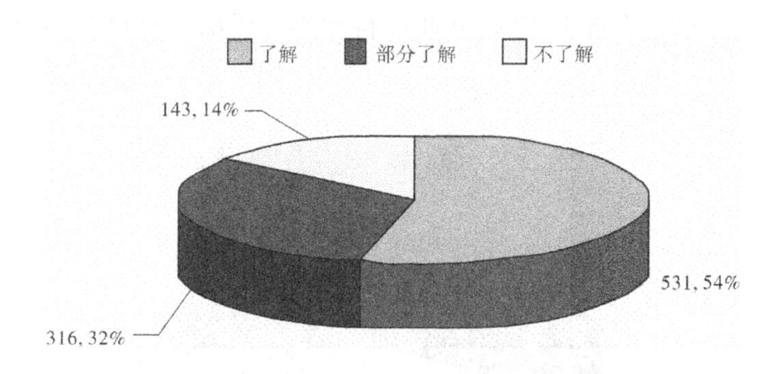

图7-34 对违反《条例》的单位或个人的惩罚措施是否了解的调查结果统计图

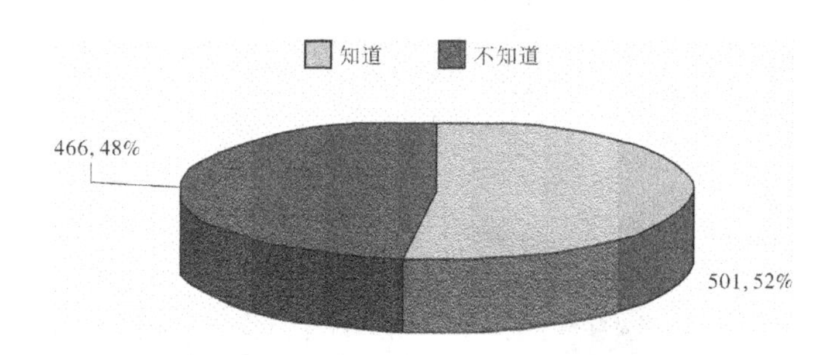

图7-35 除《条例》和《实施细则》外是否知道其他有关政策法规调查结果统计图

7.3.2.3 立法与守法质量评估

认为《条例》的内容与《行政许可法》《水法》等法律法规的规定协调一致的占62%；认为《条例》确立的水量分配、调度（包括应急调度）制度完备并符合黄河水资源管理实际的占64%。从立法技术角度对《条例》进行评价的调查结果显示，《条例》基本符合规范性和科学性。详细统计结果见图7-36～图7-38。

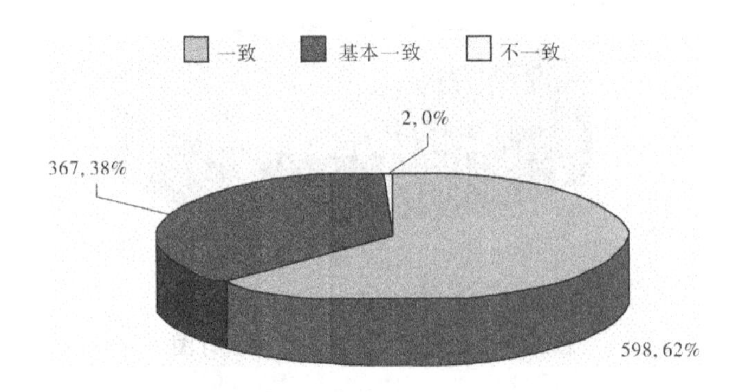

图7-36 《条例》的内容与《行政许可法》《水法》等法律法规的规定协调一致情况调查结果统计图

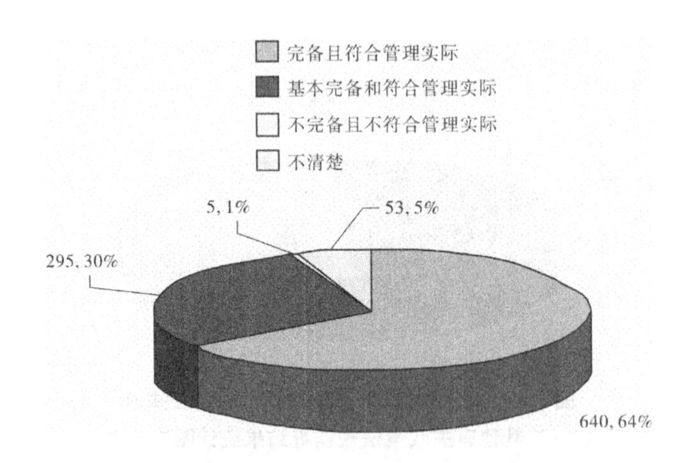

图7-37 《条例》确立的水量分配、调度（包括应急调度）制度是否完备并符合黄河水资源管理实际的调查结果统计图

选项	A	B	C	D	E
评价	内容具体、明确	可操作性强,能够切实解决问题	制度完备,内在逻辑性强	语言规范、简洁、准确	立法质量不高,需要改进
比例	89.2%	79.8%	81.5%	74.9%	7.7%

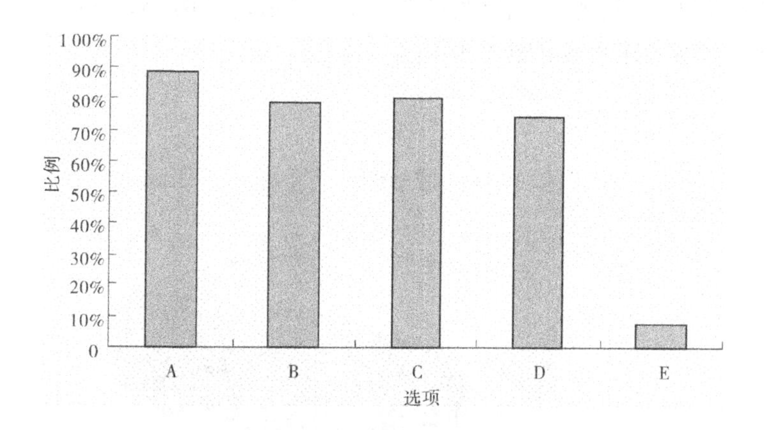

图7-38 从立法技术角度对《条例》做出评价的调查结果统计图

7.3.3 社会公众

在接受调查的个人中,认为所在地区非常缺水的占18%;了解《条例》的基本内容的占27%;认为《条例》有存在必要性的占82%;认为《条例》宣传力度大的占37%;调查结果显示,个人了解水量调度制度的渠道主要集中在广播电视、报刊杂志、网络等新闻媒体报道和黄委会组织的普法宣传活动,分别占39%和37%;认为《条例》在加强黄河水量调度管理,对于保护母亲河的作用显著的占50%;认为《条例》对其所在区域的社会经济发展作用显著的占36%;认为《条例》中水量调度方案的执行到位的占32%;《条例》确立的水量分配、调度(包括应急调度)制度完备并符合黄河水资源管理实际的占40%;认为《条例》的内容与《行政许可法》《水法》等法律法规的规定协调一致的占55%;认为《条例》的实施对促进节约用水作用大的占64%;认为《条例》的实施从总体上达到了促进水资源优化配置和可持续利用的目的的占36%。从立法技术角度对《条例》进行评价的调查结果显示,《条例》基本符合规范性和科学性。详细统计结果见图7-39～图7-52。

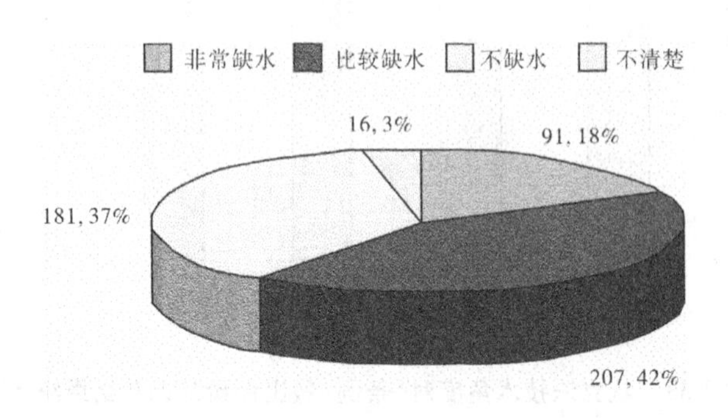

图7-39　所在地区缺水情况的调查结果统计图

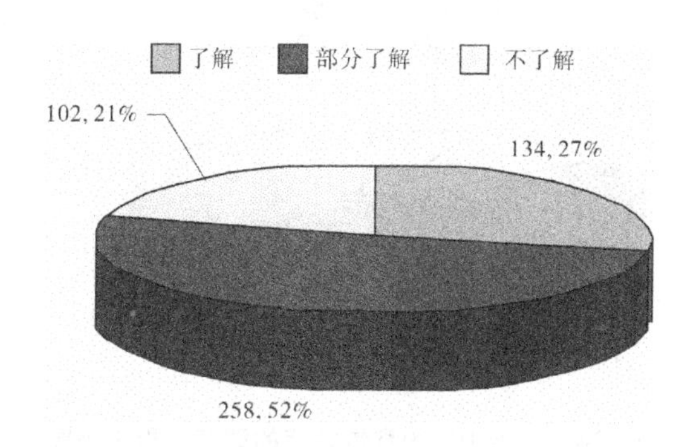

图 7-40 对《条例》基本内容了解程度的调查结果统计图

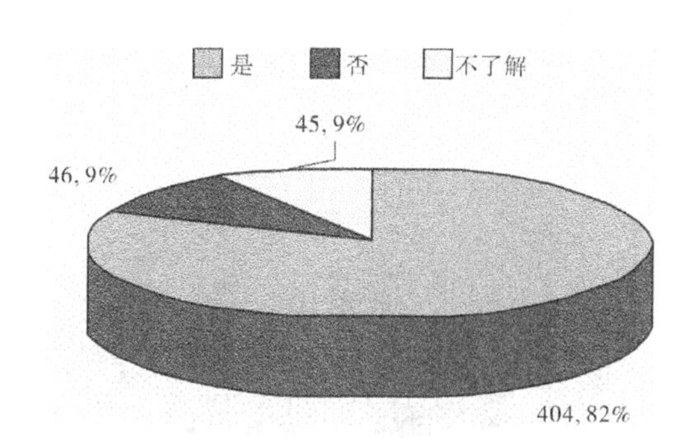

图 7-41 《条例》有存在必要性的调查结果统计图

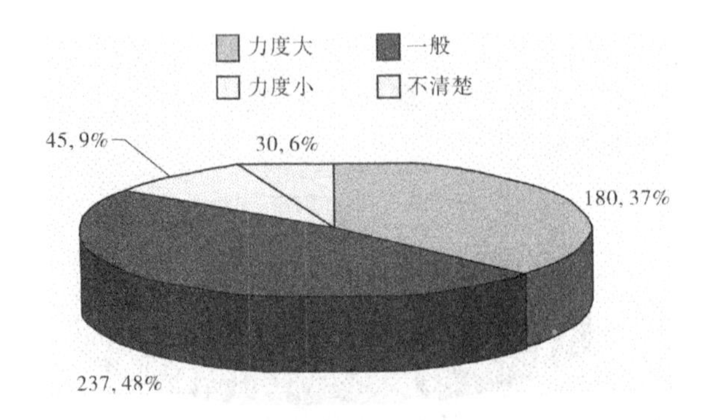

图 7-42 《条例》的宣传力度的调查结果统计图

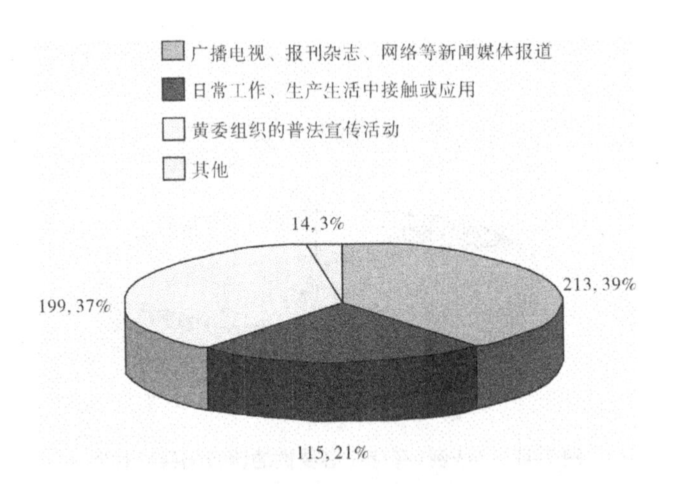

图 7-43 个人了解水量调度制度的渠道的调查结果统计图

选项	A	B	C	D	E	F	G
作用	明确了国务院发展与改革行政主管部门、国务院水行政主管部门、黄河流域及相关地区人民政府及其水行政主管部门、黄委及所属各级管理机构、水库主管和管理单位等责任主体的职责和权限	完善了在旱情紧急情况下的行政首长负责制	增强了实施《黄河可供水量分配方案》的强制执行力	规定了黄河重要支流的水量调度方法	完善了黄河水量调度管理制度	完善了特殊情况下的水量调度制度及工作机制	加强了监督检查制度和处罚措施
比例	85.6%	70.4%	78.2%	69.4%	62.2%	58.0%	49.0%

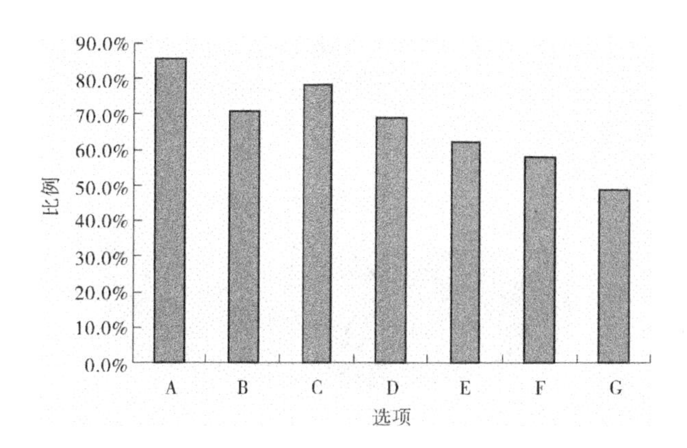

图7-44 对《条例》实施后发挥的作用的调查结果统计图

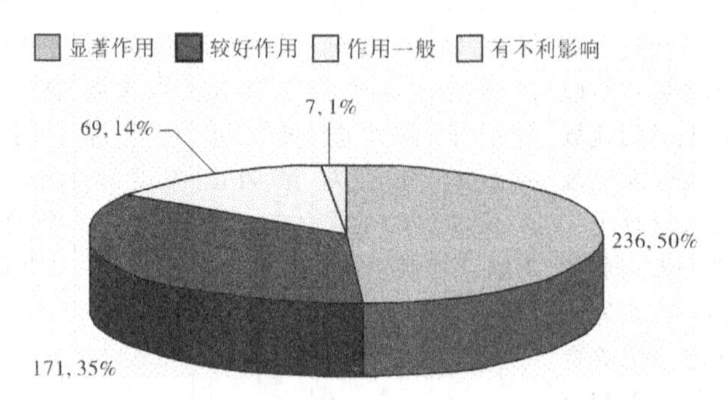

图 7-45　《条例》对保护母亲河的作用调查结果统计图

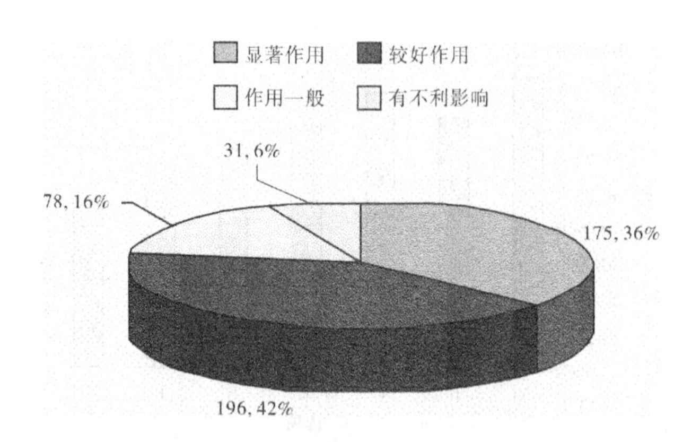

图 7-46　《条例》对其所在区域的社会经济发展作用调查结果统计图

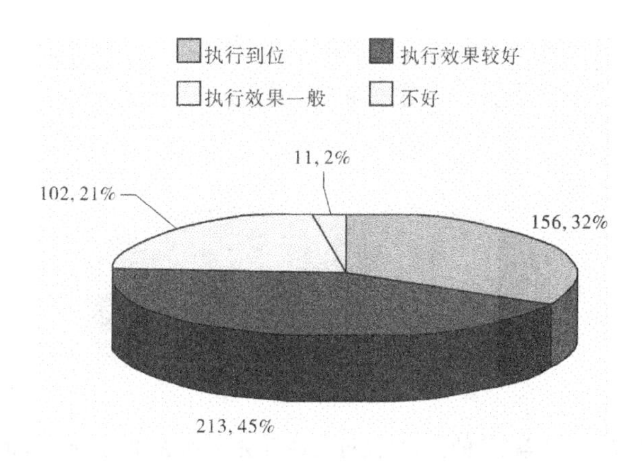

图7-47 《条例》中水量调度方案的执行效果调查统计图

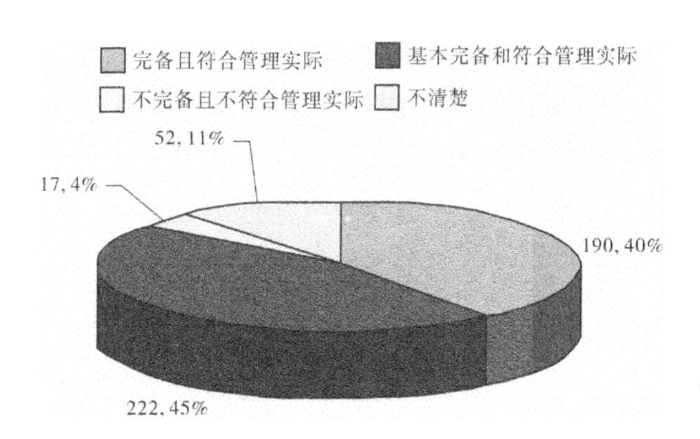

图7-48 《条例》确立的水量分配、调度(包括应急调度)制度是否完备并符合黄河水资源管理实际的调查结果统计图

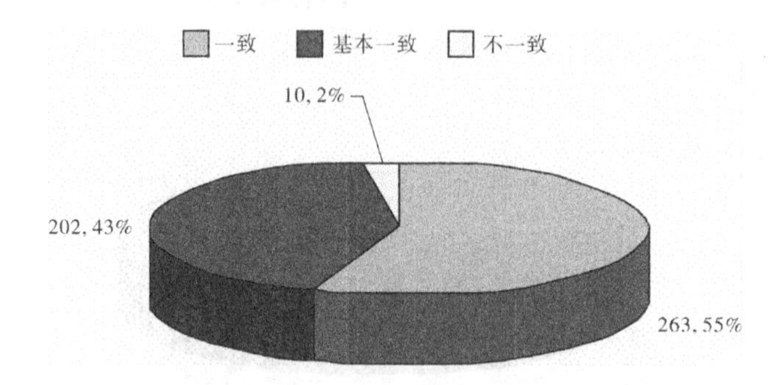

图 7-49　《条例》的内容与《行政许可法》《水法》等法律法规的规定协调一致情况调查结果统计图

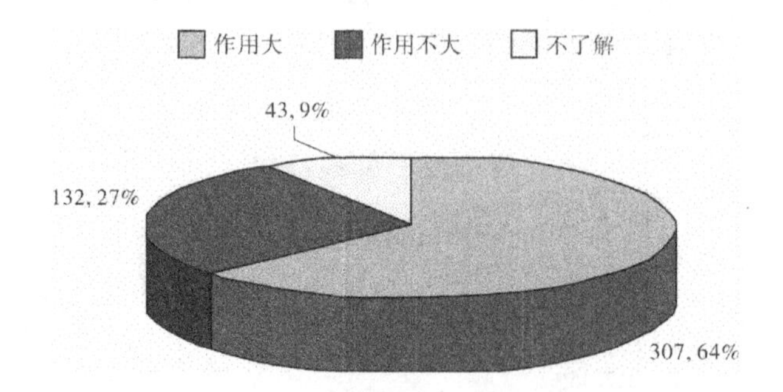

图 7-50　《条例》的实施对促进节约用水起的作用调查结果统计图

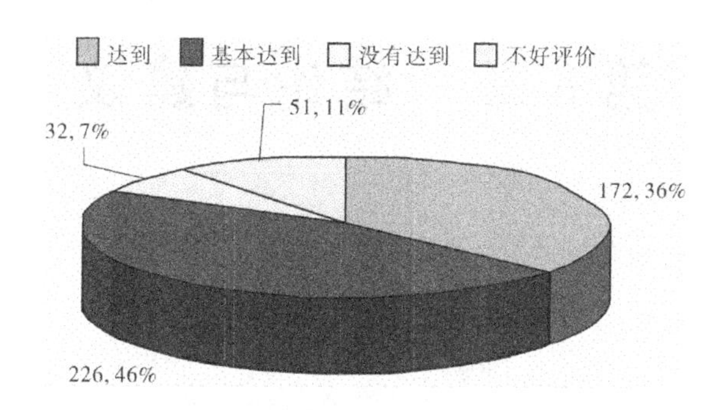

图7-51 《条例》的实施是否从总体上达到了促进水资源优化配置和可持续利用的目的的调查结果统计图

选项	A	B	C	D	E
评价	内容具体、明确	可操作性强,能够切实解决问题	制度完备,内在逻辑性强	语言规范、简洁、准确	立法质量不高,需要改进
比例	89.2%	79.8%	81.5%	74.9%	7.7%

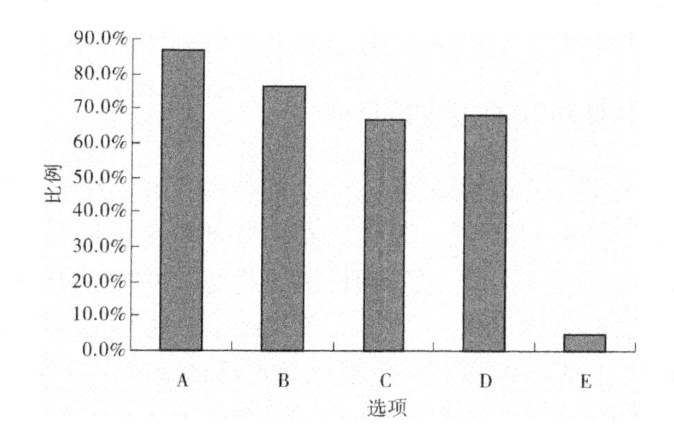

图7-52 从立法技术角度对《条例》做出评价的调查结果统计图

第 8 章　结论与建议

8.1　主要结论

8.1.1　立法的目的基本达到

经过认真分析评估,《条例》制定的制度和措施符合黄河水量调度的实际,立法的目的基本达到。自《条例》实施以来,规范了黄河流域管理与调度的职能,设立了应急调度程序及类别,确立了河南黄河河务局对黄河干流调度与管理的主体地位,加强了黄河水量统一调度,实现了黄河水资源的可持续利用,促进了黄河流域及相关地区经济社会发展和生态环境的改善。在法规的层面上,把《水法》关于水量调度的基本制度落实在黄河流域实处,建立起黄河水量调度长效机制,有效地促进了有限的黄河水资源的优化配置,提高了水资源利用效率,缓解了黄河流域水资源的供需矛盾、解决了水量调度中存在的问题,达到了以人为本、统筹协调沿黄地区经济社会发展与生态环境保护,减轻和消除黄河断流造成的严重后果,为沿黄人民群众安居乐业和长远发展提供有力支持的目的。

8.1.2　各方的调度责任更加明确

实现了统一调度、协调管理,水量调度工作中各方的调度责任更加明确。国务院水行政主管部门和国务院发展改革主管部门负责组织、协调、监督、指导黄河水量调度工作。作为流域管理机构的黄委依照规定的授权负责黄河水量调度的组织实施和监督检查工作。有关县级以上地方人民政府水行政主管部门和黄委所属管理机构,依照规定授权负责所辖范围内黄河水量调度的实施和监督检查工作。

8.1.3 《条例》的实施理顺了黄河水量调度管理体制

《条例》保障了黄河水量统一调度的顺利实施,建立了关系协调、保障有力的水量调度管理体制;建立了黄河水量分配原则和制度,奠定了实施最严格的水资源管理体系的基础;强化了责任制的规定,使黄河水量调度有了组织保障;系统地建立了正常情况下的水量调度制度,使水量调度管理有章可循;明确了应急调度机制,各种情况下的水量调度均可以该《条例》为依据:规定监督检查和法律责任,把水量调度制度的实施落到实处。

8.1.4 《条例》规定各项制度及保障措施基本完备

《条例》中明确了黄河水量调度实行年计划、月旬调度方案和实时调度指令相结合的调度方式。最终调度效果将直接体现为调度方案和指令的执行情况。为此,在黄河水量调度中,确定了调度计划、方案和调度指令的法律地位,对超指标耗水的省(区)或达不到控制指标的断面,及时采取电报、指令性文件等行政命令形式,要求改正、通报批评,采取加倍扣除水量、对相关责任人进行处分等处罚措施。《条例》还特别规定了因省际控制断面不达标,对控制断面下游水量调度产生严重影响或者造成其他严重后果的,本年度不再新增该省(区)的取水工程项目的处罚措施。

8.1.5 《条例》主要制度执行情况总体上较好

《条例》颁布之后,相比颁布之前总体上超耗水的趋势得到一定程度的控制。行政首长负责制上升到了法律的高度,发挥了各级行政首长在黄河水量调度决策、指挥和监督等方面的关键作用,对督促省(自治区、直辖市)和水利枢纽管理单位落实调度责任制起到了极大的促进作用,提高了黄河水量调度方案的执行力。《条例》将应急制度引进,完善了水量调度的制度体系,有利于维持黄河不断流这一目标。配套法规《条例》的出台,使得监督检查和保障制度落到实处。

8.1.6 《条例》实施效果明显,取得了较好的法律效益、管理效果、社会效益、经济效益和生态效益

法律效果方面,健全了法律手段,提高了行政执行力;管理效果方面,建立了新的水量调度管理模式,建立了水量调度组织保障体系,和水量调度制度体

系，规定了水量分配依据和水量调度实施方式，建立了水量调度工作流程和标准及水量调度应急管理机制；社会效益方面，确保黄河下游不断流，确保了省际断面流量控制指标，科学配置、有效兼顾各方用水和引黄供水安全和国家粮食安全，遏制了引水计划上报的盲目性，转变传统观念，促进节约用水；经济效益，《条例》实施后，河南省工业总供水效益增加值约为32.88亿元，年平均增加值由《条例》实施前的3.92亿元提高到8.22亿元。《条例》实施以前历年受益人数变化剧烈，年平均受益人数为92.8万人，《条例》实施以后受益人数有明显增加，平均为132.1万，且年际间变化不大。总体上农业灌溉供水效益年际间变化不大，2005年以前总体呈下降趋势，《条例》实施以后，总体上呈增加趋势，2009年较2005年增加约10.02亿元，平均每年增加约2.51亿元。上述效益为农业灌溉供水量增加所产生的直接灌溉经济效益。事实上，农业灌溉效益还表现为节水效益，由于农业灌溉节水措施的投入，可弥补农业灌溉供水量减少的效益和增加灌溉供水量不变条件下的效益，因此《条例》实施以后的供水效益增加值要大于上述计算值。

统一水量调度后，黄河下游断流状况得到遏制，自1999年至今，黄河下游不再出现断流，《条例》的实施，使得水量调度的执行力度增强，促进下一阶段水量调度的重点由实现黄河不断流转变为实现功能性不断流（功能性不断流指标体系包括河道生态用水，将维持湿地面积的流量作为控制指标，该指标体系的建立将进一步促进黄河下游河道湿地稳定发育，充分发挥河道湿地作为重要水禽栖息地及调节气候、净化黄河水体的正常功能）。

8.2 存在问题及建议

8.2.1 支流水量调度管理

根据《条例》及《实施细则》的规定，支流调度纳入了黄河水量统一调度管理。自2006年开展支流水量调度管理以来，取得了一定成效，但由于支流水量调度管理基础薄弱、体制不完善、机制不健全、职责不明确、管理不到位，支流调度管理仍存在诸多问题，突出表现在以下几个方面。

（1）支流调度管理没有统一的水量调度管理机制。伊洛河、沁河都属跨省区的河流，根据《条例》规定分属不同省份的水行政主管部门管理，目前还没有建立统一的支流调度管理的协调机制，上中下游用水矛盾协调难度大，不利于支流的水量调度统一管理。

(2)支流调度管理与监督权责不一。根据《条例》规定,河南省境内伊洛河、沁河的支流调度由河南省人民政府水行政主管部门负责调度,黄委负责监督管理,具体河南省伊洛河、沁河的监督管理黄委授权河南黄河河务局监督管理,二者权责不一,不能有效衔接和操作,监督管理难度大。

(3)未建立支流水量调度分配方案。现阶段的支流水量调度,仅规定了主要断面的控制流量,未建立支流各省区的水量调度分配方案,上中下游引水没有水量分配方案的制约,控制断面流量难以保证。

建议:建立支流统一调度管理的体制和机制,有效保障《条例》在实施过程中的法律地位,建立支流统一调度的协调机制,协调不同省份的用水,解决不同省份、上中下游的用水矛盾;制订支流水量调度分配方案,各省按照分配的水量计划进行引水和控制;制定与《条例》配套的法规和规章,黄委出台《黄河支流水量调度管理办法》,地方政府依据《条例》及《黄河支流水量调度管理办法》出台各地的支流水量调度管理办法;在《条例》及配套法规中明确河南黄河河务局对支流调度的监督管理职责。

8.2.2　潼关至小浪底水库干流河段水量调度管理

根据《条例》规定,河南省境内黄河干流的水量,应由河南黄河河务局负责调度,由于历史原因和当地政府对本地区黄河管理单位的职责设定,三门峡库区的取水许可监督管理归三门峡水库水政监察支队负责,三门峡市黄河河务局根据当地政府授权也对境内小浪底库区实施河道管理。潼关至小浪底水库干流河段的水量调度管理,存在体制不顺、职责交叉、秩序混乱的复杂现状,不利于实施河南黄河干流的水量统一调度管理。

建议:根据《条例》的规定,协调相关单位和地方政府,进一步明确河南黄河河务局对黄河干流统一调度的管理职责,将三门峡库区的年用水计划、月旬用水方案统一归河南黄河河务局管理,真正实现《条例》规定的河南黄河河务局对黄河干流水量的统一调度管理。

8.2.3　总量控制原则

根据《条例》规定,国家对黄河水量实行统一调度,遵循总量控制、断面流量控制、分级管理、分级负责的原则。其中的总量控制原则,没有相应条款定义或加以明确解释,在用水计划的执行中不易操作。按照《条例》的总量控制原则,应是对一个省区总用水量的控制,只要一个省区的总取水量不超国家分配的水量调度计划用水量，即可在省区各地市用水户之间相互调配。但按照《取水许可和水资源费征收管理条例》的规定，一个取水工程或用水户的年用水总量不能超过取水许可，也就是一旦某一取水工程年取水总量超过取水许可，那么该省区即使引水总量不超过年用水总量，该取水工程也不能引水。这与黄河下游实际引用水情况不相适应。河南沿黄取水工程，受河道游荡及河势变化影响，造成某些取水工程可能一年或几年引水受阻，不能正常取水，但其取水许可又不能立即调整到其他取水工程，导致河南省出现总量不超，但能取水的工程超取水许可水量的现象，不利于河南沿黄水资源的开发利用。

建议：在《条例》第三条中应增加一款，详细界定总量控制的定义和明确总量控制的含义，并对总量控制在具体应用中如何操作进行详细规定。

8.2.4　应急调度水量

《条例》第四章规定了应急调度启动条件、预案的编制、水库的调度等方面，但未说明应急调度水量与年用水总量的关系、与取水许可水量的关系，在实际中不易操作。2009 年、2011 年黄委实施了干旱应急调度，沿黄用水量大量增加，致使某些取水工程总取水量超过取水许可总量，这与取水许可管理相矛盾。

建议：在《条例》应急调度一章中应明确应急调度水量不计入年用水总量及取水工程的取水许可水量，以充分发挥干旱应急调度水量的抗旱作用。

8.2.5　行政首长负责制

《条例》第四条规定黄河水量调度计划、调度方案和调度指令的执行，实行地方人民政府行政首长负责制。自行政首长负责制作为一项基本的工作制度在黄河水量统一调度中推行以来，为完成水量调度任务提供了重要的支撑和保障。在具体的实施中，每年公布各省（区）的水量调度责任人，但在市县两级中，仍未落实地方人民政府行政首长负责制。对黄河水量调度计划、调度方案和调度指令的执行，产生了不利的影响。

建议：进一步贯彻落实行政首长负责制，各省（区）应将沿黄市县两级地方人民政府行政首长名单面向社会进行公布，加强对行政首长的培训。发挥各级行政首长在黄河水量调度决策、指挥和监督等方面的关键作用，促进各责任单位及责任人认真履行职责，保证政令畅通，接受社会监督，提高黄河水量调度方案的执行力，实现黄河水资源的合理配置和可持续利用。

8.2.6　水量调度管理经费

黄河水量统一调度以来，一直未有水量调度管理经费，各级水量调度管理经费仅靠有限的办公经费支撑。《条例》出台后，水量调度管理更加得到重视，黄河水量统一调度将是一项长期而经常性的水行政管理任务。根据《条例》要求，黄河水量调度范围由干流河段扩大到干支流，调度时间由非汛期延伸至全年，工作内涵扩展，工作量成倍增加，工作经费不断递增，特别是应急调度的关键期，水量调度任务繁重，水量调度管理经费制约了应急调度的工作开展和效率的提高，近年的抗旱应急调度，已充分暴露出水量调度管理经费的不足。

建议：在《条例》中明确水量调度管理经费。国家尽快出台流域水资源管理与保护业务经费定额标准及使用办法，理顺水量调度管理经费渠道，保障水量调度管理经费的拨付与使用。

8.2.7　水量调度管理长效机制

《条例》出台后，规定了责任制、月旬调度计划、断面流量控制、监督检查等多项制度，但一直未建立相应的考核机制，不利于《条例》规定的各项制度的执行。

建议：建立水资源管理的长效机制，研究探索取用水总量、用水效率考核机制，开展水量调度管理的考核，将黄河水量调度完成情况纳入地方政府领导干部和相关企业负责人业绩考核重要内容。按照国家实行最严格水资源管理制度的要求，督促省（区）将用水总量、用水效率和入黄排污总量控制指标作为约束性指标，纳入地方经济社会发展综合评价体系。

8.2.8　取水许可总量控制指标细化方案

按照河南省人民政府文件《河南省人民政府关于批转河南省黄河取水许可总量控制指标细化方案的通知》（豫政〔2009〕46 号），对河南黄河取水许可总量控制指标进行了细化到市。由于各市水源条件、当年降水量、产业结构、生活水平和经济发展状况的差异，在实际的水量调度过程中表现出全省取水总量不超，但个别城市（如郑州、开封、焦作、濮阳）取水指标不够用，个别城市（如洛阳、新乡）取水指标用不完的现象，细化方案与实际用水存在矛盾。

建议：对河南省干流沿黄城市取水指标进行合理修编，以符合河南沿黄经济发展的实际需求。

附　件

《黄河水量调度条例》

中华人民共和国国务院令

第472号

《黄河水量调度条例》已经2006年7月5日国务院第142次常务会议通过，现予公布，自2006年8月1日起施行。

总理 温家宝

二〇〇六年七月二十四日

第一章 总 则

第一条 为加强黄河水量的统一调度，实现黄河水资源的可持续利用，促进黄河流域及相关地区经济社会发展和生态环境的改善，根据《中华人民共和国水法》，制定本条例。

第二条 黄河流域的青海省、四川省、甘肃省、宁夏回族自治区、内蒙古自治区、陕西省、山西省、河南省、山东省，以及国务院批准取用黄河水的河北省、天津市（以下称十一省区市）的黄河水量调度和管理，适用本条例。

第三条 国家对黄河水量实行统一调度，遵循总量控制、断面流量控制、分级管理、分级负责的原则。

实施黄河水量调度，应当首先满足城乡居民生活用水的需要，合理安排农业、工业、生态环境用水，防止黄河断流。

第四条 黄河水量调度计划、调度方案和调度指令的执行，实行地方人民政府行政首长负责制和黄河水利委员会及其所属管理机构以及水库主管部门或者单位主要领导负责制。

第五条 国务院水行政主管部门和国务院发展改革主管部门负责组织、协调、监督、指导黄河水量调度工作。

黄河水利委员会依照本条例的规定负责黄河水量调度的组织实施和监督检查工作。

有关县级以上地方人民政府水行政主管部门和黄河水利委员会所属管理机构，依照本条例的规定负责所辖范围内黄河水量调度的实施和监督检查工作。

第六条 在黄河水量调度工作中做出显著成绩的单位和个人，由有关县级以上人民政府或者有关部门给予奖励。

第二章 水量分配

第七条 黄河水量分配方案，由黄河水利委员会商十一省区市人民政府制订，经国务院发展改革主管部门和国务院水行政主管部门审查，报国务院批准。

国务院批准的黄河水量分配方案，是黄河水量调度的依据，有关地方人民政府和黄河水利委员会及其所属管理机构必须执行。

第八条 制订黄河水量分配方案，应当遵循下列原则：

（一）依据流域规划和水中长期供求规划；

（二）坚持计划用水、节约用水；

（三）充分考虑黄河流域水资源条件，取用水现状、供需情况及发展趋势，发挥黄河水资源的综合效益；

（四）统筹兼顾生活、生产、生态环境用水；

（五）正确处理上下游、左右岸的关系；

（六）科学确定河道输沙入海水量和可供水量。

前款所称可供水量，是指在黄河流域干、支流多年平均天然年径流量中，除必需的河道输沙入海水量外，可供城乡居民生活、农业、工业及河道外生态环境用水的最大水量。

第九条 黄河水量分配方案需要调整的，应当由黄河水利委员会商十一省区市人民政府提出方案，经国务院发展改革主管部门和国务院水行政主管部门审查，报国务院批准。

第三章 水量调度

第十条 黄河水量调度实行年度水量调度计划与月、旬水量调度方案和实时调度指令相结合的调度方式。

黄河水量调度年度为当年 7 月 1 日至次年 6 月 30 日。

第十一条 黄河干、支流的年度和月用水计划建议与水库运行计划建议，由十一省区市人民政府水行政主管部门和河南、山东黄河河务局以及水库管理单位，按照调度管理权限和规定的时间向黄河水利委员会申报。河南、山东黄河河务局申报黄河干流的用水计划建议时，应当商河南省、山东省人民政府水行政主管部门。

第十二条 年度水量调度计划由黄河水利委员会商十一省区市人民政府水行政主管部门和河南、山东黄河河务局以及水库管理单位制订，报国务院水行政主管部门批准并下达，同时抄送国务院发展改革主管部门。

经批准的年度水量调度计划，是确定月、旬水量调度方案和年度黄河干、支流用水量控制指标的依据。年度水量调度计划应当纳入本级国民经济和社会发展年度计划。

第十三条 年度水量调度计划，应当依据经批准的黄河水量分配方案和年度预测来水量、水库蓄水量，按照同比例丰增枯减、多年调节水库蓄丰补枯的原则，在综合平衡申报的年度用水计划建议和水库运行计划建议的基础上制订。

第十四条 黄河水利委员会应当根据经批准的年度水量调度计划和申报的月用水计划建议、水库运行计划建议，制订并下达月水量调度方案；用水高峰时，应当根据需要制订并下达旬水量调度方案。

第十五条 黄河水利委员会根据实时水情、雨情、旱情、墒情、水库蓄水量及用水情况，可以对已下达的月、旬水量调度方案作出调整，下达实时调度指令。

第十六条 青海省、四川省、甘肃省、宁夏回族自治区、内蒙古自治区、陕西省、山西省境内黄河干、支流的水量，分别由各省级人民政府水行政主管部门负责调度；河南省、山东省境内黄河干流的水量，分别由河南、山东黄河河务局负责调度，支流的水量，分别由河南省、山东省人民政府水行政主管部门负责调度；调入河北省、天津市的黄河水量，分别由河北省、天津市人民政府水行政主管部门负责调度。

市、县级人民政府水行政主管部门和黄河水利委员会所属管理机构，负责所辖范围内分配水量的调度。

实施黄河水量调度，必须遵守经批准的年度水量调度计划和下达的月、旬水量调度方案以及实时调度指令。

第十七条 龙羊峡、刘家峡、万家寨、三门峡、小浪底、西霞院、故县、东平湖等水库，由黄河水利委员会组织实施水量调度，下达月、旬水量调度方案及实时调度指令；必要时，黄河水利委员会可以对大峡、沙坡头、青铜峡、三盛公、陆浑等水库组织实施水量调度，下达实时调度指令。

水库主管部门或者单位具体负责实施所辖水库的水量调度，并按照水量调度指令做好发电计划的安排。

第十八条 黄河水量调度实行水文断面流量控制。黄河干流水文断面的流量控制指标，由黄河水利委员会规定；重要支流水文断面及其流量控制指标，由黄河水利委员会会同黄河流域有关省、自治区人民政府水行政主管部门规定。

青海省、甘肃省、宁夏回族自治区、内蒙古自治区、河南省、山东省人民政府,分别负责并确保循化、下河沿、石嘴山、头道拐、高村、利津水文断面的下泄流量符合规定的控制指标;陕西省和山西省人民政府共同负责并确保潼关水文断面的下泄流量符合规定的控制指标。龙羊峡、刘家峡、万家寨、三门峡、小浪底水库的主管部门或者单位,分别负责并确保贵德、小川、万家寨、三门峡、小浪底水文断面的出库流量符合规定的控制指标。

第十九条　黄河干、支流省际或者重要控制断面和出库流量控制断面的下泄流量以国家设立的水文站监测数据为依据。对水文监测数据有争议的,以黄河水利委员会确认的水文监测数据为准。

第二十条　需要在年度水量调度计划外使用其他省、自治区、直辖市计划内水量分配指标的,应当向黄河水利委员会提出申请,由黄河水利委员会组织有关各方在协商一致的基础上提出方案,报国务院水行政主管部门批准后组织实施。

第四章　应急调度

第二十一条　出现严重干旱、省际或者重要控制断面流量降至预警流量、水库运行故障、重大水污染事故等情况,可能造成供水危机、黄河断流时,黄河水利委员会应当组织实施应急调度。

第二十二条　黄河水利委员会应当商十一省区市人民政府以及水库主管部门或者单位,制订旱情紧急情况下的水量调度预案,经国务院水行政主管部门审查,报国务院或者国务院授权的部门批准。

第二十三条　十一省区市人民政府水行政主管部门和河南、山东黄河河务局以及水库管理单位,应当根据经批准的旱情紧急情况下的水量调度预案,制订实施方案,并抄送黄河水利委员会。

第二十四条　出现旱情紧急情况时,经国务院水行政主管部门同意,由黄河水利委员会组织实施旱情紧急情况下的水量调度预案,并及时调整取水及水库出库流量控制指标;必要时,可以对黄河流域有关省、自治区主要取水口实行直接调度。

县级以上地方人民政府、水库管理单位应当按照旱情紧急情况下的水量调度预案及其实施方案,合理安排用水计划,确保省际或者重要控制断面和出库流量控制断面的下泄流量符合规定的控制指标。

第二十五条　出现旱情紧急情况时,十一省区市人民政府水行政主管部门和河南、山东黄河河务局以及水库管理单位,应当每日向黄河水利委员会报送取(退)水及水库蓄(泄)水情况。

第二十六条 出现省际或者重要控制断面流量降至预警流量、水库运行故障以及重大水污染事故等情况时,黄河水利委员会及其所属管理机构、有关省级人民政府及其水行政主管部门和环境保护主管部门以及水库管理单位,应当根据需要,按照规定的权限和职责,及时采取压减取水量直至关闭取水口、实施水库应急泄流方案、加强水文监测、对排污企业实行限产或者停产等处置措施,有关部门和单位必须服从。

省际或者重要控制断面的预警流量,由黄河水利委员会确定。

第二十七条 实施应急调度,需要动用水库死库容的,由黄河水利委员会商有关水库主管部门或者单位,制订动用水库死库容的水量调度方案,经国务院水行政主管部门审查,报国务院或者国务院授权的部门批准实施。

第五章 监督管理

第二十八条 黄河水利委员会及其所属管理机构和县级以上地方人民政府水行政主管部门应当加强对所辖范围内水量调度执行情况的监督检查。

第二十九条 十一省区市人民政府水行政主管部门和河南、山东黄河河务局,应当按照国务院水行政主管部门规定的时间,向黄河水利委员会报送所辖范围内取(退)水量报表。

第三十条 黄河水量调度文书格式,由黄河水利委员会编制、公布,并报国务院水行政主管部门备案。

第三十一条 黄河水利委员会应当定期将黄河水量调度执行情况向十一省区市人民政府水行政主管部门以及水库主管部门或者单位通报,并及时向社会公告。

第三十二条 黄河水利委员会及其所属管理机构、县级以上地方人民政府水行政主管部门,应当在各自的职责范围内实施巡回监督检查,在用水高峰时对主要取(退)水口实施重点监督检查,在特殊情况下对有关河段、水库、主要取(退)水口进行驻守监督检查;发现重点污染物排放总量超过控制指标或者水体严重污染时,应当及时通报有关人民政府环境保护主管部门。

第三十三条 黄河水利委员会及其所属管理机构、县级以上地方人民政府水行政主管部门实施监督检查时,有权采取下列措施:

(一)要求被检查单位提供有关文件和资料,进行查阅或者复制;

(二)要求被检查单位就执行本条例的有关问题进行说明;

（三）进入被检查单位生产场所进行现场检查；

（四）对取（退）水量进行现场监测；

（五）责令被检查单位纠正违反本条例的行为。

第三十四条　监督检查人员在履行监督检查职责时，应当向被检查单位或者个人出示执法证件，被检查单位或者个人应当接受和配合监督检查工作，不得拒绝或者妨碍监督检查人员依法执行公务。

第六章　法律责任

第三十五条　违反本条例规定，有下列行为之一的，对负有责任的主管人员和其他直接责任人员，由其上级主管部门、单位或者监察机关依法给予处分：

（一）不制订年度水量调度计划的；

（二）不及时下达月、旬水量调度方案的；

（三）不制订旱情紧急情况下的水量调度预案及其实施方案和动用水库死库容水量调度方案的。

第三十六条　违反本条例规定，有下列行为之一的，对负有责任的主管人员和其他直接责任人员，由其上级主管部门、单位或者监察机关依法给予处分；造成严重后果，构成犯罪的，依法追究刑事责任：

（一）不执行年度水量调度计划和下达的月、旬水量调度方案以及实时调度指令的；

（二）不执行旱情紧急情况下的水量调度预案及其实施方案、水量调度应急处置措施和动用水库死库容水量调度方案的；

（三）不履行监督检查职责或者发现违法行为不予查处的；

（四）其他滥用职权、玩忽职守等违法行为。

第三十七条　省际或者重要控制断面下泄流量不符合规定的控制指标的，由黄河水利委员会予以通报，责令限期改正；逾期不改正的，按照控制断面下泄流量的缺水量，在下一调度时段加倍扣除；对控制断面下游水量调度产生严重影响或者造成其他严重后果的，本年度不再新增该省、自治区的取水工程项目。对负有责任的主管人员和其他直接责任人员，由其上级主管部门、单位或者监察机关依法给予处分。

第三十八条　水库出库流量控制断面的下泄流量不符合规定的控制指标，对控制断面下游水量调度产生严重影响的，对负有责任的主管人员和其他直接责任人员，由其上级主管部门、单位或者监察机关依法给予处分。

第三十九条 违反本条例规定，有关用水单位或者水库管理单位有下列行为之一的，由县级以上地方人民政府水行政主管部门或者黄河水利委员会及其所属管理机构按照管理权限，责令停止违法行为，给予警告，限期采取补救措施，并处2万元以上10万元以下罚款；对负有责任的主管人员和其他直接责任人员，由其上级主管部门、单位或者监察机关依法给予处分：

（一）虚假填报或者篡改上报的水文监测数据、取用水量数据或者水库运行情况等资料的；

（二）水库管理单位不执行水量调度方案和实时调度指令的；

（三）超计划取用水的。

第四十条 违反本条例规定，有下列行为之一的，由公安机关依法给予治安管理处罚；构成犯罪的，依法追究刑事责任：

（一）妨碍、阻挠监督检查人员或者取用水工程管理人员依法执行公务的；

（二）在水量调度中煽动群众闹事的。

第七章 附 则

第四十一条 黄河水量调度中，有关用水计划建议和水库运行计划建议申报时间，年度水量调度计划制订、下达时间，月、旬水量调度方案下达时间，取（退）水水量报表报送时间等，由国务院水行政主管部门规定。

第四十二条 在黄河水量调度中涉及水资源保护、防洪、防凌和水污染防治的，依照《中华人民共和国水法》、《中华人民共和国防洪法》和《中华人民共和国水污染防治法》的有关规定执行。

第四十三条 本条例自2006年8月1日起施行。

参考文献

[1]《中华人民共和国水法》
[2]《中华人民共和国防洪法》
[3]《中华人民共和国水污染防治法》
[4]《黄河水量调度条例》
[5]《河南省黄河河道管理办法 》
[6]《河南省黄河工程管理条例》
[7]《黄河水量调度条例实施细则(试行)》
[8]《黄河取水许可总量控制管理办法(试行》
[9]《黄河下游订单供水调度管理办法(试行)》
[10]《黄河下游水量调度工作责任制(试行)》
[11]《黄河水量调度突发事件应急处置规定》
[12]《黄河水量调度突发事件应急处置规定实施细则》
[13]《河南黄河水量调度应急处置预案》
[14]《河南黄河水量调度管理办法》
[15]《河南黄河水量调度工作责任制(试行)》
[16]《河南黄河订单供水管理若干规定(试行)》
[17]《河南黄河引黄工程“两水分离、两费分计”管理办法(试行)》
[18]《黄河重大水污染事件应急调查处理规定》
[19]《黄河重大水污染事件报告办法》
[20]《河南黄河水污染事件应急处置预案》
[21]《国家防汛抗旱应急预案》
[22]《黄河流域抗旱预案(试行)》